名所空間の発見

地方の名所図録図会を読む　　　　萩島　哲 編著

九州大学出版会

まえがき

　景観は，文化の表出である．社会の意思の総合的な表明であり，その結果である．「絵になる景観」は，その都市の文化レベルと堅く結びついている．景観デザインは，その都市の脈絡を読み取り，意識的に働きかけることである．このような観点から絵画を読み解くというのが，私の基本姿勢で，数年来，繰言のように言っている．

　本書は，平成11～13年度科学研究費（基盤研究（B）(2)）整理番号11450225「3次元CGを用いた地方の名所図録図会に描かれた名所の景観構造分析」による研究成果の一部を取りまとめたものである．

　すでに景観研究の第1段階として，ヨーロッパ風景画，浮世絵風景画を素材として典型的な「絵になる景観」の構図のタイプ，その構成要素，その代表的な景観を得ることのできる視点場を調べ，近景，中景，遠景の各距離に対応して景観要素である神社，鎮守の森等を適切に配置したとき，「絵になる景観」が得られていることを示した（『風景画と都市景観』理工図書，『都市風景画を読む』九州大学出版会）．

　第2段階として私は，広重の浮世絵風景画を素材にして，樹木や河川，街道の景観特性を調べてきた（『広重の浮世絵風景画と景観デザイン』九州大学出版会）．広重が描いた浮世絵風景画には，実景がデフォルメされて描かれ，樹木の構図的機能，河川の対岸景における工夫，街道のわずかに湾曲する道の活用などの手法が適用され，描かれていたことを明らかにした．

　第3段階として今回は，名所のマクロ的景観構造を，地形や眺望の観点から調べようとした．明治期に庶民向けのガイドブックとして発刊された名所図録図会を見ると，神社が名所として数多く挙げられている．当時は，数少ないレクリエーションの場所として，寺社詣や花見や季節に応じた縁日・祭りに人々が楽しんだ．河川と共にある神社や山頂にある神社，あるいは荘厳な境内や社殿，そして鎮守の森，その周辺を含めた区域が，名所として描かれている．古来，神社を中心とした鎮守の森は，レクリエーションのみならず広く景観の素材としても活用されてきた．

　これらを考慮すると，名所図会に描かれた地方の名所を，景観資源として再評価することも可能であり，そのような名所空間の発見と新たに名所を創り出すということ

は今日的課題である．本書では，明治期に描かれた名所図録図会に取り上げられた神社が，名所とされたその背景を調べ，そのような課題に答えたいと思う．

本書の中心を構成するところは，有馬隆文九州大学助教授による「3次元CGを用いた景観特性の計量化とそのシステム開発に関する研究」（日本建築学会計画系論文集，523，1999年）及び日髙圭一郎九州産業大学助教授「地方における名所とされた神社の立地特性に関する研究－福岡県を事例として－」（日本建築学会計画系論文集，597，2005年）を参照している．しかしながら一部は両先生の成果によっているものの，全体の構成と各章の執筆は，私の責任でリライトしている．

具体的に事例として取り上げる神社は，『大日本名所圖錄・福岡縣之部（明治31年）』（『福岡県名所圖錄圖繪』復刻版（昭和58年））に掲載されている福岡県内に存在する神社であり，神社の建築的特徴，その縁起・由来，神社場内の構成，周辺の地理的特徴などについて調査・分析を行ったものである．素材は福岡県内の神社であるが，地形に限定してみれば，海があり，山地があり，平野や内海も存在しており，一般性を有する地形と考えている．

本書は，以上の調査結果をとりまとめたものである．

萩島　哲

2005年6月16日

目　次

まえがき …………………………………………………………………………………… i

第 1 章　序　　　　　　　　　　　　　　　　　　　　　　　　　　　　　　　1
　　1.1　名所と地形 ……………………………………………………………………… 1
　　1.2　何故名所を調べるか …………………………………………………………… 5
　　1.3　調査の目的 ……………………………………………………………………… 5
　　1.4　調査の素材 ……………………………………………………………………… 6
　　1.5　社格からみた名所神社 ………………………………………………………… 6
　　1.6　神社の保全状況 ………………………………………………………………… 8
　　1.7　本書の構成 ……………………………………………………………………… 10

第 2 章　名所神社の立地特性　　　　　　　　　　　　　　　　　　　　　　　　13
　　2.1　はじめに ………………………………………………………………………… 13
　　2.2　地形図と現地調査から読み取る指標 ………………………………………… 13
　　2.3　名所の立地場所と周辺地形の概要 …………………………………………… 14
　　2.4　名所神社の立地を規定する要因 ……………………………………………… 15
　　2.5　名所空間の類型化のための前処理 …………………………………………… 17
　　2.6　神社の立地類型の特徴 ………………………………………………………… 21
　　2.7　各類型の地理的分布 …………………………………………………………… 35
　　2.8　まとめ …………………………………………………………………………… 40

第 3 章　名所神社の眺望特性　　　　　　　　　　　　　　　　　　　　　　　　41
　　3.1　はじめに ………………………………………………………………………… 41
　　3.2　現地調査による眺望方位・方位角の把握 …………………………………… 42
　　3.3　可視領域図の作成 ……………………………………………………………… 45
　　3.4　3 次元 CG による眺望のタイプ ……………………………………………… 45
　　3.5　眺望のタイプと立地類型との関連 …………………………………………… 46
　　3.6　まとめ …………………………………………………………………………… 51

第 4 章　景観と地形に絞って由緒・縁起を読む　53
　　4.1　はじめに ……………………………………………………………… 53
　　4.2　図録図会中に書き込まれた由緒 ……………………………………… 54
　　4.3　他の文献に記載された神社の立地特性 ……………………………… 56
　　4.4　まとめ ………………………………………………………………… 64

第 5 章　神社の境内の特性　67
　　5.1　はじめに ……………………………………………………………… 67
　　5.2　読み取るデータ ……………………………………………………… 69
　　5.3　境内の描写の全体的概要 ……………………………………………… 69
　　5.4　図会に描かれた境内を特徴づける要因 ……………………………… 70
　　5.5　境内の類型 …………………………………………………………… 72
　　5.6　境内は，由緒・縁起にどのように記載されたか …………………… 75
　　5.7　立地類型との関連 …………………………………………………… 77
　　5.8　社殿について ………………………………………………………… 78
　　5.9　まとめ ………………………………………………………………… 81

第 6 章　名所の景観構造と名所の要因　83
　　6.1　神社のマクロ的景観構造 ……………………………………………… 83
　　6.2　境内と社殿からみた名所 …………………………………………… 83
　　6.3　名所の活用 …………………………………………………………… 85
　　6.4　神社の外部空間のデザイン ………………………………………… 86
　　6.5　現地調査にみる境内空間の特徴 ……………………………………… 91

第 7 章　既往の地形類型との比較　97
　　7.1　地形と景観 …………………………………………………………… 97
　　7.2　人文的地形研究の視点 ……………………………………………… 97
　　7.3　2 つの人文的地形・空間タイプ ……………………………………… 98
　　7.4　地形の分類 …………………………………………………………… 107
　　7.5　福岡での実例の当てはめ …………………………………………… 108
　　7.6　盆地，谷，平地と山の辺の景観 …………………………………… 111

あとがき ……………………………………………………………………… 113

第1章
序

　名所と言われている場所の実態は，長い年月をかけて歴史的，自然的，風土的遺産によって創り出されてきたものと思われる．

　名所は，大辞林によれば，「景色や古跡などで有名な地．名勝」とされている．大辞泉では，「景色のよさや史跡，特有の風物などで有名な場所」である．いずれにしろ，名所にとって地形の果たす役割は大きいと言わねばなるまい．

　吉本隆明氏は，「遠野物語」の解説に際して，地形について，次のような考えを述べている．「日本の山や川の地勢をかんがえると，農耕の村落ができる地形は大別して二つのタイプしかない．一つは背後に山をひかえ，前に川とか海をひかえている，そのわずかな海辺の平地だ．そこに村ができ農耕が行われる．もう一つのスタイルは，遠野など典型的にそうだが，まわりに低い山があって，かなりの海抜の，山に囲まれた盆地のような窪みに，村落ができて，そこに農耕の集落ができる．いわゆる山村だ．おおきくいえば日本の地勢では，この二つに大別できるとおもえる．もちろん中間にもいろいろあるが，大別すると，そうなる」と指摘している．

　さらに「形態論」において，「誰が眺めてもうつくしい山容をもったものがえらばれて信仰の対象になった．山頂の近くにある形のいい巨石や岩鐘にしめ縄がはりめぐらされるばあいもあれば，山頂ちかい年へた巨木がしめ印をつけられるばあいもあった．この村落のはずれにある山容は，たいていは麓に境界がもうけられ，山の領域と平野の村落の領域とにわけられる」としている．

　このように，海辺の平地と山村を区切る場所を「麓（境目）」として想定すると，次の3つの地形が想定されている．つまり，「海辺の平野」，海辺と山地を区切る「麓」，そして麓の上部の「山地」である．この山地は，後になって山岳霊山として「山頂」が認識されてくると，やや低い場所の「山地」と頂上の「山頂」に分けられ，結局，この4つの地形が日本の類型と考えられるのである．

　そしてそれぞれの場所で，日本人は名所を発見して，日常生活を豊かにしてきた．

1.1 名所と地形

1.1.1 山岳・山頂

　日本国内にある山岳霊場として信仰がいきづいている山々，その思想はアジアの全域に広がっているのであるが，そのような霊場としての山も，共通の地形として存在しているように見える．

　久保田展弘氏は，「八葉蓮華に囲まれた恐山，出羽三山，あるいは山の山頂から周囲の霊山が一望できる木曾の御嶽山など」が信仰の対象であって，名所として山頂の果たす役割を，指摘している．もちろん久保田氏は，第三者として山を見るという立場を超えて行者として山を登り空間を体験するという観点でみているのであるが，その根底では，山岳における頂上の役割を強調してい

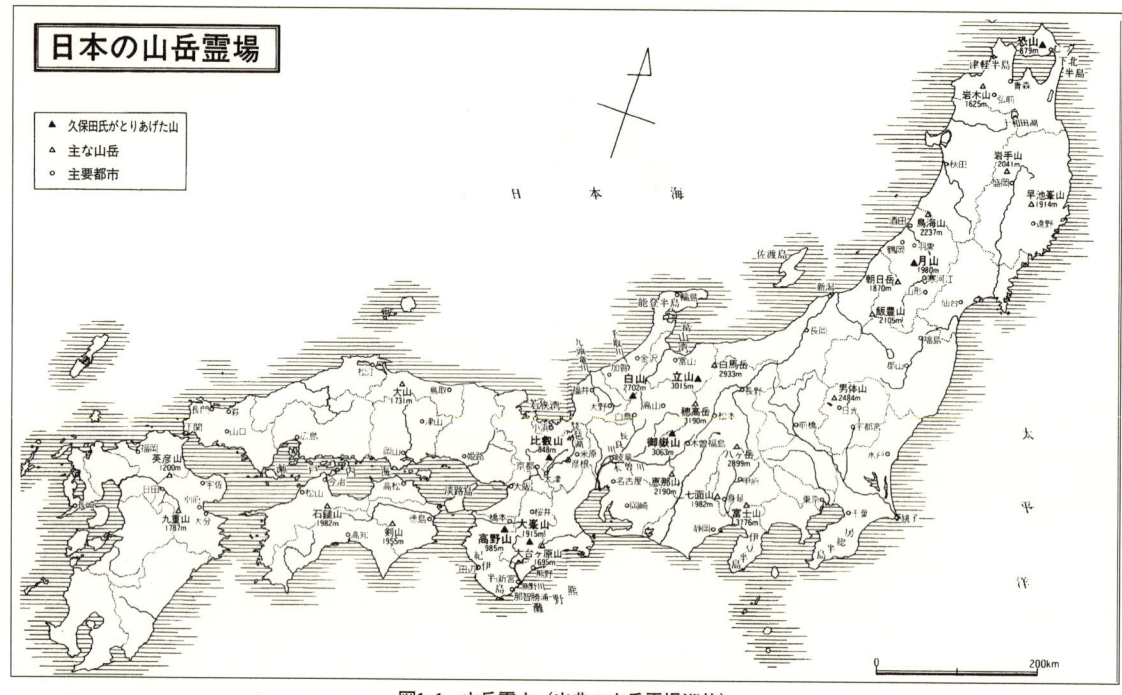

図1.1　山岳霊山（出典：山岳霊場巡礼）

る.

　事例として図1.1に示している. 北は恐山, 月山, 御嶽山, 白山, 比叡山, 高野山, 九州では英彦山まで, 20余の山が例示されている.

　さらに, 志賀重昂は, 『日本風景論』の中で, 日本には火山岩が多々なる事として,「全国表土の五分の一は, 火山岩より成る, これ日本の景物をして, 淘美ならしめる主源因」であり,「その火山岩の魁偉変幻なるところ, 活火山の雄絶壮絶にして天地間の大観を極尽するところにいたりては, いまだこれを写さざるなり」としている.

　その名山の標準として,「山の全体は美術的体式と幾何的体式とを相調合按排せるもの」, としている. そして, 富士山など, 形態がシンプルな山が霊山とされ, 信仰の対象ともされてきたと述べているようである. 要するに火山は名山の別称であるとして, 山頂が名所とされた.

1.1.2 海岸線

　また, 長谷川成一氏は, 江戸時代の文化人の名所観を系統的に分析し, 日本三景の成立を史実にてらして明らかにし, 日本海側の景色において最も特徴的なものは,「潟」であるとし, 砂洲, 潟のバリエーションが三景の由来であるとしている.

　江戸時代における名所は,「山野河海」に多数所在しており, それが著名な歌人によって和歌や俳句に詠まれ, 広く人口に膾炙して初めて成立す

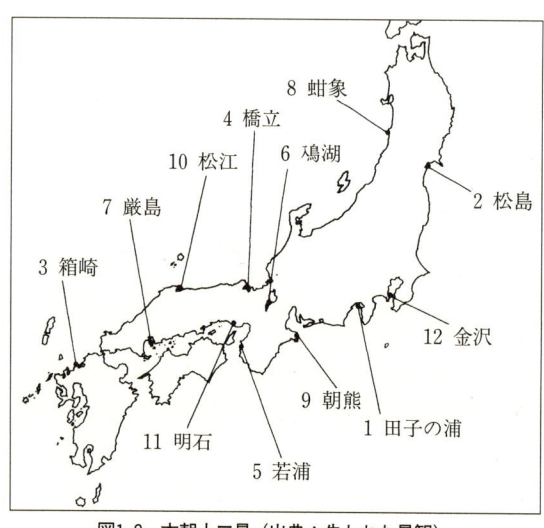

図1.2　本朝十二景（出典：失われた景観）

るものである．海岸にある砂洲が，日本における名所である，として古来歌われてきた史実から明らかにしている．

1700年代初期，名所への関心も高まり，大淀三千風は，日本三景を含めて「本朝十二景」を発表している（図1.2）．松島，天橋立，厳島を初め十二の景があげられているのであり，当時の名所が理解できる．

また，わが国における海岸線の総延長は，約32,000 kmであり，そのなかで，20％が砂浜の海岸線という．海岸の松原を称える言葉に，白砂青松という言葉があるように，海岸の松林も名所とされた．松は，一年中つねに変わらない緑の葉を保ち続け，霊的にも清浄を保つとされている．天橋立を例としながら，「神社仏閣という人文景観と，自然が作り出した砂洲という特異な地形と，さらに樹林，海辺があいまって，宗教的にも意義深い景観がここでは，作り出されている」，と指摘している．

また有岡利幸氏は，松と日本人との関わりを述べる中で，つぎのように信仰という面からも海岸線の美しさを推奨している．「日本の海岸線の美しい風景を作っている白砂青松の地は，古代から神聖な地として，社をつくり神を祭っている場所が多かった．わが国の歴史が語られはじめてから近世半ばまでは，人々は広大な山野や河・海をはじめ，中州や河原，浜のような場所は無主の場と考えられていた．古い時代の人々は，海と陸との境界にあたる松林を神仏と同じように考え，それに対して祈りや感謝をささげていた．中世に至っては，次第に形式的なものになっていったけれども，なおその信仰は続けられた」．図1.3には白砂青松として名高い場所を示しており，全国の海岸線にわたっていることが理解されよう．

1.1.3 膾炙される伝説には共通の地形が

さらに，松永伍一氏は，それほどは著名ではないが，地方で膾炙されている「落人伝説」を取り上げ，「伝説」が流布されているその地形は，共通して痩せた土地と隠れ家的な地形に多いことを，現地調査を通して見出している．

図1.3 白砂青松の位置（出典：松 日本の心と風景）

「地すべり地帯は地質上から見ても…精巧な農具も持たず，耕せる土地を見出し…土が軟らかく簡単な道具を使って耕せたのである…そのような地すべり地帯が平家の落人部落と重なり合って…辺境，あるいは秘境…と呼ばれるに至る」．山深い「山林」，山ふところ，不便なところ…が，その「落人伝説」のイメージにつながっていく．

このように，日本のいたるところにある「落人」伝説を探索して地形を調べていくとき，いくつもの場所が発掘され見出され，「落人」が生活していた場所の地形は，共通して「こもりく型」空間，あるいは「かくれ里型」の特徴をもっていることをうかがわせるのである．

1.1.4 名所図会に描かれた名所

一方で，名所図会には，市民の暮らしが描かれることもよくある．例えば，「江戸名所図会」や「江戸名所百景」などでは，祭りやまちの賑わい，あるいは花見の様子，大漁の様子なども描かれている．このように考えていくと，名所には，単に見る見られるということよりもその周辺の様子，空間まで含めて名所，「などころ」であるように

思われる．「名所」とは「などころ」であり，名が知られている場所で，名が知られているところとは，現在の「有名」とは異なり，歌に歌われる場所，つまり「歌枕」となりえた場所のことで，「歌枕」と密接に関連がある．多くの文人墨客が感嘆した表現を捧げた場所が名所となるわけである．

山口桂三郎氏は広重の風景画を解説する際に，「18世紀の後半期にはいると，経済的繁栄に伴い，浮世絵，歌舞伎を初め種々の江戸独自の文化が誕生してくるが，そのなかで江戸の生活文化の特色を示すものに，行動文化がある．すなわち寺社詣，開帳，縁日，納涼，花見などがそれで，生活の中に密着した年中行事になっていった」と指摘している．このような場所が名所として紹介され，庶民の中に膾炙されていった．

広重は，東都名所，京都名所，近江八景，六十余州名所図会，江戸名所百景などに，庶民の生活を名所として数多く描いた．河川，神社，自然と共生する庶民の生活，お祭りを描く．また鈴木重吉氏は，「交通・経済の進展が江戸と諸国の往来を頻繁化し」，広重が描いた名所図会は，「地域の情報を知り楽しむ好資料となった」として，図会の機能を論じている．

このように庶民の年中行事の空間もまた，名所とされてきた．

1.1.5 内陸の盆地

すでに樋口忠彦氏は，包括的に地形を分析して，大きく盆地，谷，平野の3つの類型を検討した後，山の辺，水の辺，平地の小類型を提示し，ふるさとの空間の原型として「水分神社型」，「秋津洲やまと型」，「八葉蓮華型」，「蔵風得水型」，「隠国型」，「神奈備山型」，「国見型」の7つの型を明らかにしている．

また，『癒しの地形学』では，藤原成夫氏は，西国三十三観音堂霊場の地形を，現地調査して次

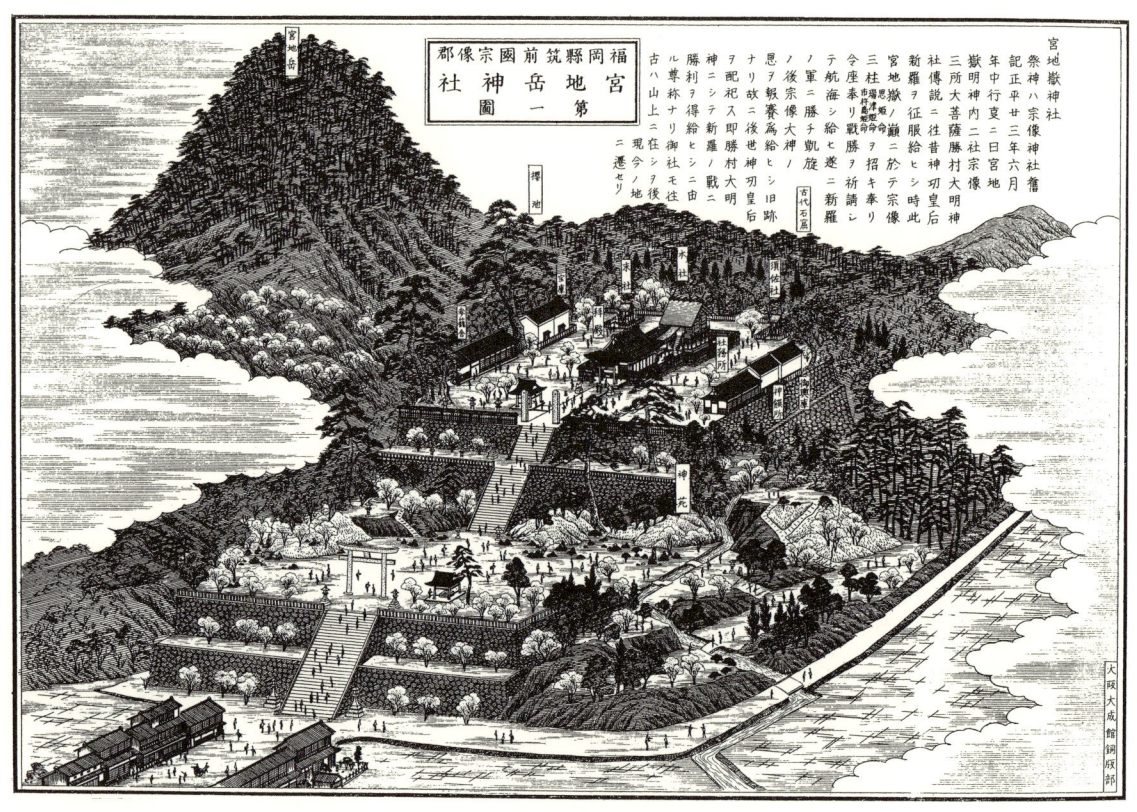

図1.4 名所図会の事例

のように類型化している．「蔵風得水型」，「背山臨水型」，「山頂尾根型」，「こもりく型」，「かくれ里型」，「辻堂型」の6つの型をあげて，これらを癒しの地形としている．

これらは，盆地にかかわる地形の特徴を分類している．盆地とはいっても起伏の複雑な地形であり，それぞれ細かい地形に応じて，空間の型が存在しているのである．この議論の詳細については，新たに後の章で論じることにする．

以上のように，いろんな観点から地形にまつわる空間が，名所の1つとして述べられる時，海辺から山頂まで，名所の場所を幅広く考える必要があることがわかる．

一方では，名所が地形的にみて共通性が見られると考えられることから，名所の地形が与えるそれぞれ共通のイメージを模索して，私は名所のタイプを見出そうと試みた．

1.2　何故名所を調べるか

以上述べてきたように，観点はそれぞれ異なっているが，地形に着目した場合でも名所にはいくつかのタイプが存在していることがわかる．

1.2.1　名所の地形的特長を包括的に把握したい

日本は，山国であると同時に海で囲まれた「島国」である．先述したように，海辺から山頂まで地形に応じた名所が存在しているようであり，包括的に名所空間を把握したいと考えている．

1.2.2　名所の発見を

全国的に，既に著名な歴史的建造物を生かした景観整備が行われている．しかしながら，鎮守の森の活用，周辺に位置している丘陵地，山など自然にかかわる景観資源は十分に活用されていない．

浮世絵ほど有名でないにしても，全国各地に地方の名所を描いた図録図会の資料が残されている．この資料は，当時の行楽地のガイドブックの役割を果たした．レクリエーションの場として楽しまれ，遠くからの参拝者で賑わった神社が記載された．その神社を囲む鎮守の森，その周辺の山や河川等，身近な自然も描きこまれている．

それは今日でも現存してはいるが，寂れて昔の面影がないものも少なくない．これらかつての名所の空間的な魅力を明らかにすることは，必須の課題である．

1.2.3　名所とは

これらが名所とされた理由は，いくつもの理由が考えられる．例えば，今までの研究成果から，

1）周辺の環境，見晴らしや眺望が優れているもの，

2）宗教的理由や歴史上の事実，あるいは縁起・由緒によるもの，

3）社殿が壮大であり，建築として著名であるもの，

4）境内の規模が大であり，また庭園には桜，菖蒲などの花が季節に応じて楽しめること，あるいは境内を囲む森が優れているもの，

5）地形上，特異であり，見られる対象として優れているもの，

などがあげられ，そのうち1つあるいは複数の理由により，名所に取り上げられたように思われる．

これら名所の理由を明らかにすることは，今後鎮守の森の活用や現代の名所づくりにも教訓を与えることが可能であるし，名所の景観の構造を把握することも不可能ではない．

1.3　調査の目的

すべての神社が名所として選択されたわけではない．

本書では，名所図会から「名所」とされた神社を立地場所や周辺地形，眺望，神社の境内，建築の様式等のフィジカルな面から，各々の特徴を類型化し，地方の名所とされた理由およびその景観構造を明らかにすることを目的とする．従って，神社建築そのものを主題とするものではない．

1.4 調査の素材

本書では調査資料として，『福岡県名所圖録圖繪』清水吉康著，大蔵出版会，昭和58年版（明治31年刊『大日本名所図録・福岡縣之部』復刻版）を用いた．

この著書の編集者の意図によると，次のように述べられている．この図会には，「…専ら図画を応用して境内地景等皆実地に就て其真景を模写し銅板に印刻し傍ら由緒縁起を明記し…」，その後「1．本書は題号のごとく専ら図会によって其現況を知悉するの便を供するを以て主要とす．2．記載するところの図会は総て館員を派出せしめて其実景を模写せしものなれば，実地と違うことなし」とある．

当時の神社の状況を，リアルに描いていることが力説されている．これを鵜呑みにするわけにはいかないが，おおむね当時の神社の景観の印象を，描いたと考えて間違いない．私は，現地調査や福岡県神社明細帳なども併用して，神社の実景を調査している．この図録図会には，1頁の図会（以下「図会」という）につき，おおむね1ヵ所の名所神社が描かれ，その図会中には由緒・縁起の文章が記されている事例もある（図1.4を参照）．

しかしながら「名所」の「図録図会」であるから，この図会の目的は明らかに，当時の名所観光用の広報・普及である．したがってそこには少なからずフィクションがあることもまた，否定できないであろう．さらに1ヵ所の名所を1枚の図会で表現しているために表現手法にも限界があろう．以上の点を踏まえて，この図会を見ていくことにする．

描かれた名所神社は，全てが斜め上から俯瞰的に見て，図学的に言えば，斜投影図式で描かれている．

この図録図会には，総数で248枚の図版に251点の名所が掲載され，その内訳は，神社が173点，寺院が68点，住宅等が10点である．

本書では，この中で特に神社を取り上げて，名所神社の景観構造を調べたいと考えている．

なお，神社が立地している市町村名は平成7年時点で表示している．

1.5 社格からみた名所神社

神社の起源を考えると，はるか遠い昔には，山あるいは河川を，神域として想定して畏怖の念をもってお祈りをささげていた．

そこには日本の神々の「まつり」をするに相応しい「聖なる場」だと，直感的に信じる場所を選び，その周囲に常磐木を立て神座とし，それをひむろぎと称した．このひむろぎに，神をお招きして祭りを行い，またお戻りいただく儀式を行った．

このように，社殿としての神社が確立していない状態でのお祭りの形態は，時がたつにつれ，祭祀場所に社殿が建てられて，今の神社に変わっていったと考えられている．社殿が設けられるようになったのは，大和朝廷の時代から，仏教が日本に伝来し，全国的に寺院が建ちはじめたころであろうと，言われている．

また社殿をもうける動機は，生活水準が上がり，だんだんと豊かな生活が営まれ，便利さとともに神の霊気に対しての直感力が鈍り，代替機能をもとめるようになってきたためといわれている．

神社の呼称は，「神社」といわれるほか，「神宮」「宮」「大社」「社」などがあり，それぞれの神社の由緒に基づいて定められている．既往の研究では，縁起文を用いて神社の属性などが明らかにされている．

このようにして，神社が成立してきたが，神社には，社格が設けられた．

「延喜式神名帳」には，官社を官幣社と国幣社に分け，さらにその各々を大社と小社に二分し，その大社の中から名神を定めたことが記されている．これらは，その格によって幣帛の品目・数量

に格差が設けられていた．また，律令制の崩壊しはじめた平安後期以降，朝廷から特別の待遇を与えられた近畿地方の大社や，国司の崇敬を受けた一宮（いちのみや），一国の総社などは一般の神社とは区別して特別に扱われた．明治になると，1871（明治4）年の太政官布告で，大・中・小の官幣社，および別格官幣社，大・中・小の国幣社，府県社・郷社・村社・無格社に明確に分けて位置づけられたが，1946（昭和21）年にこの制度は廃止された．もともと大社，中社，小社の区分は，はっきりとした基準が決められていたわけではなく，だいたいの社殿の規模，境内の面積の大小などによって区分された．

境内の規模は，旧官・国幣社の各平均でみると，官幣大社で約21万坪（70 ha），国幣大社で約38千坪（12.6 ha），府県社で600坪（0.2 ha），村社で300坪（0.1 ha）となっており，これらが社格の昇格条件の1つであったとされている．もちろん，官国幣社はその由緒や祭神などによっても決まるものであるから，必ずしも基準にはなりえないが，大方の目安である．

名所図録図会に描かれている神社にも当然ながら社格が付記されている．

この社格と名所神社の関連を見ておこう．

1.5.1 福岡県内の旧社格別神社

参考までに，1874（明治7）年時点での福岡県における神社の総数をあげると，7,742社である．無格社5,977社，村社1,627社，郷社114社，県社17社，官国幣社7社となっている（図1.5）．

1944年「福岡県神社誌」になると，半減し4,726社の神社となっている．社格別に神社数をみると，無格社が最も多く3,004社，次いで村社が1,514社，郷社が119社，県社が73社，官国幣社が11社，不明が数社となっている．

つまり，神社の圧倒的多数は，無格社，または村社であったことがわかる．

1.5.2 全体の名所率・社格別名所率

この時期の福岡県内の全神社と名所神社の社格別の神社数とその構成比，名所比率を調べてみよ

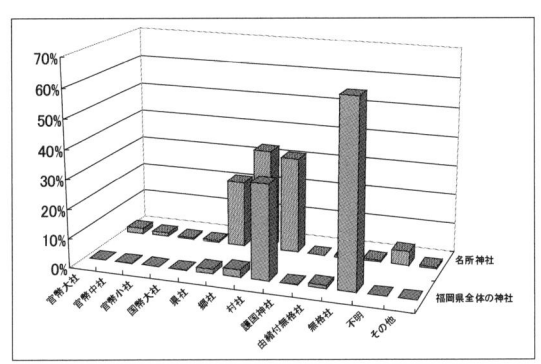

図1.5　福岡県内の全神社と名所神社の社格別構成比

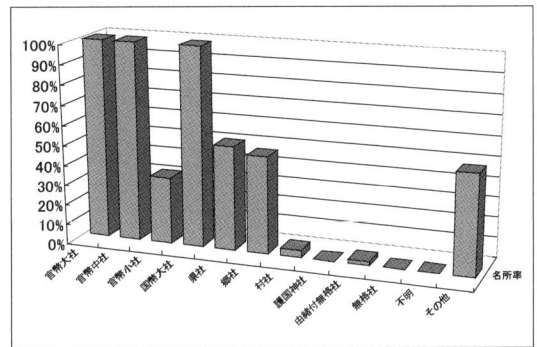

図1.6　福岡県内の神社に対する名所神社の名所率

う．

まず，名所図会に掲載され，場所を確定しえた神社の総数は，141社で，そのうち官幣国幣社7社，県社17社，郷社55社，村社23社，無格社39社であった．

全体における総神社数（4,726）に占める名所（141）の比率は，3.0％である．

これを社格別にみると（図1.6），官幣大社，官幣中社，国幣大社の3つの社格の神社は100.0％が名所に選定されている．官幣小社については，福岡県内3社のうち1社（志賀海神社）のみが名所となっている．他の2つの官幣小社が名所とならなかった理由は不明であるが，大半の官国幣社が，名所として選定されている．県社の名所比率は52.1％，郷社は48.7％，村社は3.6％，無格社は0.1％となっている．

以上のように，社格が高いほど，名所として選定されることが多いことがわかる．特に，県社以上の社格の神社は，50％以上と高い名所の比率

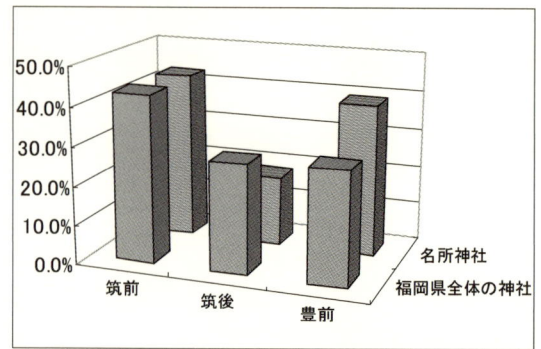

図1.7 名所図会の事例

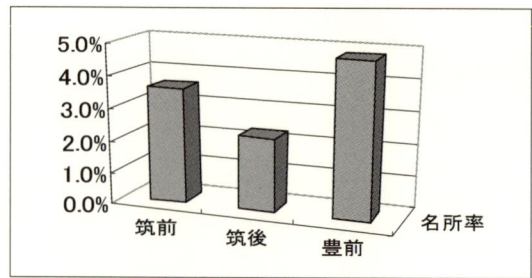

図1.8 名所図会の事例による名所率

となっている．

1.5.3 地域別にみた名所神社

図1.7に福岡県内の名所の神社と1944年の旧国別神社数を示す．

福岡県内の4,726社のうち，「筑前」が最も多く2,043社（43.2％），次いで「豊前」が1,374社（29.1％），「筑後」が1,309社（27.7％）となっている．

名所の神社数の割合では，「筑前」が最も多く43％，次いで「豊前」が39％，「筑後」が18％となっている．

1.5.4 全体名所率・旧国別名所率

次に，旧国別に神社数に対する名所神社数の比率をみてみると（図1.8），「豊前」が最も高く4.8％で，次いで「筑前」が3.6％，「筑後」が2.3％となっている．全体の名所比率が3.0％であることから考えると，理由は定かではないが，「豊前」の神社は名所として多く選ばれており，「筑後」は名所として選ばれにくかったようである．

1.5.5 まとめ

名所神社の旧社格との関連では，官幣社，国幣社などの格が高い神社ほど，名所として採用されており，県社，郷社においても半数近くの神社が名所として選ばれていることが分かる．

地域別に見ると，「豊前」，「筑前」，「筑後」の順で名所率が高く，「豊前」は平均を上回る名所比率となっている．

1.6 神社の保全状況

ここでは，141社の中から，福岡市，北九州市という大都市部に立地する22社を予備調査の対象としてとりだし，その保存・維持状況について，調査を実施しその結果を述べることにする．そして，名所とされた神社が今なお多く現存していることを指摘し，本書での分析が今後，これらの神社の保全に活用されることを期待している．

1.6.1 移転の状況

現地調査によると，22社のうち19社は，明治期と同じ場所にあり，3社は明治期と異なった場所に立地していた．3社のうちこの2社については，1社は従前地の都市化や，空襲による焼失等によるもので，もう1社については，移転理由は不明である．

しかしながら，全体として，よく保全されていたというのが，調査後の実感である．特に市街化の影響の強い都市部において，周辺は建てこんできているにもかかわらず，同一場所に存在していたことからそう思うのである．

大都市部の方が，福岡県全域に比べ移転率が低い理由の1つとしては，調査対象の22社のうちに官幣社が3社（箱崎宮，香椎宮，志賀海神社）存在することなども理由の1つにあげられるかもしれない．

地方の社殿をはじめとする建築物については，現地調査とヒアリング調査の結果では，空襲や火災による焼失により，建て替えられている場合が多く，創建当時の社殿はほとんどない．現在の建

築物は，やや品格にかける建物も多く，従って，建築物の詳細な調査はむりであった．

1.6.2 名所地点の都市計画区域の指定状況と保全

次に，名所の神社が立地する地点の都市計画区域，地域・地区との指定関係を調べてみよう．

指定されている区域区分をみると，22社のうち，14社は市街化区域内に，そのうちの8社は第1種住居地域に指定または一部が同地域指定されており，大半の神社は住居系用途地域を中心とした用途地域指定がなされている．残りの8社は，市街化調整区域内に立地していた．

一方，緑地系の都市計画制度との関連で見ると，22社のうち4社は自然公園域内に立地し，5社は緑地保全地区，4社は風致地区に指定されている．つまり，過半の神社が，自然公園内に立地しているか，緑地保全地区，風致地区のいずれかに指定されていることがわかる．現状におい

表1.1 調査対象神社の区域指定，地域地区指定，参道利用状況および図会の場所との整合性

	神社名称	所在地	市街化調整区域	用途地域指定												その他地区指定			参道利用状況		整合性
				1	2	3	4	5	6	7	8	9	10	11	12	1	2	3	1	2	
福岡市	志賀海神社	福岡市東区志賀	調整区域													●				●	○
	香椎宮	福岡市東区香椎	市街化区域	●													●			●	○
	名島神社	福岡市東区名島	市街化区域		●													●	●		○
	箱崎宮	福岡市東区箱崎	市街化区域					●				●	●	●				●		●	○
	鳥飼八幡宮	福岡市中央区今川	市街化区域					●									●			●	○
	紅葉八幡宮	福岡市早良区高取	市街化区域					●									●			●	×
	愛宕神社	福岡市西区愛宕	市街化区域					●									●			●	○
	住吉神社	福岡市西区姪浜	市街化区域					●												●	○
	飯盛神社	福岡市西区飯盛	調整区域														●			●	○
	出雲大社福岡分院	福岡市西区今宿	調整区域																	●	×
	三所神社	福岡市西区宮浦	調整区域																	●	○
	大歳神社	福岡市西区宮浦	調整区域																	●	○
北九州市	和布刈神社	北九州市門司区大字門司	市街化区域					●										●	●		○
	甲宗八幡神社	北九州市門司区旧門司	市街化区域	●																●	○
	到津八幡神社	北九州市小倉北区下到津	市街化区域			●														●	○
	八坂神社	北九州市小倉北区城内	市街化区域									●								●	○
	蒲生八幡神社	北九州市小倉北区蒲生	調整区域															●		●	○
	綿都美神社	北九州市小倉南区中吉田	市街化区域					●												●	○
	西大野八幡神社	北九州市小倉南区山本	調整区域																	●	○
	東大野八幡神社	北九州市小倉南区母原	調整区域																	●	○
	須賀神社	北九州市八幡西区木屋瀬	市街化区域								●									●	○
	八所神社	北九州市八幡西区野面	市街化区域				●	●											●		○

用途地域指定凡例
1：第1種低層住居専用地域　　7：準住居地域
2：第2種低層住居専用地域　　8：近隣商業地域
3：第1種中高層住居専用地域　9：商業地域
4：第2種中高層住居専用地域　10：準工業地域
5：第1種住居地域　　　　　　11：工業地域
6：第2種住居地域　　　　　　12：工業専用地域

その他地区指定凡例
1：自然公園区域
2：緑地保全地区
3：風致地区

参道利用状況凡例
1：純粋に参道としてのみ使われている
2：一般の道路と併用されている

て，約半分の神社については，一応は維持・保全のための都市計画的な配慮がなされていると推定できそうである．しかしながら，市町村によっては都市計画が施行されていない場合もあり，県内他地域において必ずしも十分な措置がとられているとは言い難い状況にある．

1.6.3 祭り

神社で現在行われている祭日は，おおむね四季に応じた大祭や，それに加えて地区独自の祭りが，行われている．元旦祭，七五三祭，除夜祭は，現地調査を行ったすべての神社で行われていた．平均して年に7回，多い神社では年に21回の開催実績が見られた．

季節に応じた「例祭」「記念祭」「新嘗祭」等の祭日もまた，本来は官幣社特有の催事であるが，現在では社格に関係なく，調査した全ての神社で行われている．さらに「愛宕地蔵祭」や「武射祭」など地域独自の祭事も少なくない．

1.6.4 樹木

境内では，樹齢50年以上の高木が拝殿や本殿を囲むように鎮守の森を構成しており，その代表的な樹種は，「クスノキ」「スギ」「ヒノキ」「イチョウ」の高木で，神木としても機能している．それらは，保存樹として各自治体で指定され，この保存樹を中心として鎮守の森が保全されている．

1.6.5 まとめ

以上より，名所神社の立地点については，大都市部においても全県の傾向と同様に明治期から大きな変化は少なく，維持・保全されていることがわかる．

逆に，社殿等の建築物については，多くが更新されており，明治期に描かれた建築物がそのまま現存することは希である．全体として建築物の材質などが薄っぺらで，建物の維持保全も雑であり，建物を囲んでいる森によってかろうじて当時の面影の一端を維持しているように見える．樹木は，鬱蒼と繁った森を構成しており，十分にそれ自体で歴史の脈絡，厚みを表現しているようである．

また，調査対象神社の約半数は，維持・保全のための都市計画的措置がとられているが，全体的には十分な状況にないことが推測される．

名所とされた場所は，マクロ的な地形については，当時の状況が維持されている様子がうかがえ，したがって分析の素材に耐えうるものと，考えている．

1.7 本書の構成

あらかじめ私の論旨の展開を，説明しておく．本書では以下の構成をとっている．

第2章では，名所の立地特性を明らかにする．まず，神社の周辺の地形を地図上で読み取り，それを数量データとして作成して統計分析を行い，立地の構造を明らかにする．その際，神社の立地の類型化を行っている．

さらに，現地における観察調査と計測調査によって神社周辺の微地形を調べ，8つの類型の検証を行う．最後に各類型毎に立地や周辺の地形についてその特徴をまとめている．

第3章では，名所周辺の標高データを用いて，周辺地形を3次元CGで立体的に再現し，「見える」場所を調べている．そして名所周辺の可視領域分布を作成し，神社の眺望の特徴について述べようと思う．その際，第2章の立地特性との関連についても触れ，名所の類型を示すことにする．

第4章では，図会に記載されている由緒・縁起，さらには郷土史などの文献を活用して，地形の特徴を把握する．

第5章では，名所神社の境内に絞ってその特徴を把握することにする．境内は神木があり，鳥居，参道それから拝殿，本殿に至るのであるが，それらを調べて境内タイプを見出し，グループ化し，境内の特徴は，4つに分類できることを示す．さらに，拝殿・幣殿・本殿などの社殿について，主として図会を観察して，名所神社の社殿の特徴についてふれている．

第6章では，名所とされた理由と成り得るもの

を抽出して，実際にどのような要因で神社が名所として取り上げられたかを考えている．

　以上のように，マクロ的な空間スケールでの神社の把握，ついで境内という神社の外部空間レベルでの検討，さらに神社建築のミクロ的視点に絞った特徴の検討，という3つの位相で名所を把握しようと試みている．

　これは，私が常に採用する研究方法である．本書ではこれに加えて，名所の由緒・縁起の歴史的資料を斟酌しながら，名所の全貌に迫ってみた．

　最後に試論として，第7章では既往の地形類型と名所の地形類型との関連を述べた．

参考文献

1) 吉本隆明：「遠野物語」の意味，柳田国男『遠野物語』，新潮社，1992
2) 吉本隆明：ハイ・イメージ論Ⅰ，福武書店，1994
3) 松永伍一：落人伝説の里，角川書店，1982
4) 和辻哲郎：風土，岩波書店，1963
5) 樋口忠彦：日本の景観，春秋社，1981
6) 藤原成夫：癒しの地形学，1999
7) 久保田展弘：山岳霊場巡礼，新潮社，1985
8) 大場磐雄：まつり，学生社，1967
9) 長谷川成一：失われた景観―名所が語る江戸時代―，吉川弘文館，1996
10) 川田壽：江戸名所図会を読む，東京堂出版，1990
11) 志賀重昂：日本風景論（上）（下），講談社学術文庫，1976
12) 楢崎宗重：広重の世界，清水文庫，1984
13) 国立歴史民俗博物館編：神と仏のいる風景，山川出版社，2003
14) 鈴木重三編：名品揃物浮世絵（10）広重Ⅰ（江戸名所物），ぎょうせい，1991
15) 山口圭三郎：行楽と旅，鈴木重三編『名品揃物浮世絵（12）広重Ⅲ（諸国名所物）』，ぎょうせい，1992
16) 有岡利幸：松・日本の心と風景，人文書院，1994
17) 秋里籬島，白幡洋三郎監修：林泉名勝図会―京都の名所名園案内（上），講談社，1999
18) 松岡正剛：花鳥風月の科学，中央公論出版，2004
19) 清水吉康，大阪大成館編集：「大日本名所圖録・福岡縣之部」明治31年，復刻版，大蔵出版会，1983
20) 1/50,000 地形図，大日本帝国陸地測量部，1904
21) 1/50,000 地形図，国土地理院発行，1995
22) 1/25,000 地形図，国土地理院発行，1995
23) 大日本神祇会福岡県支部編：福岡県神社誌上巻，1944
24) 大日本神祇会福岡県支部編：福岡県神社誌中巻，1944
25) 大日本神祇会福岡県支部編：福岡県神社誌下巻（1944復刻版），福岡県神社庁，1956
26) 筑前名所圖會，巻の一～巻の十，九州大学図書館所蔵

第2章
名所神社の立地特性

2.1 はじめに

　名所として図会に掲載されている神社は，すべて高い位置から眺めた様子が描かれており，構図的にはほぼ同じである．

　神社は，周辺の地形を含めて描かれており，海辺に立地している神社や，山頂に立地している神社，あるいは平野部に立地している神社等が見出され，図会に描かれている神社は，多様な場所に立地していることがわかる．そこには特徴あるいくつかの立地グループが，図会を一見しただけでも存在しているように，読み取れる．

　つまり，名所は，1つのタイプの地形のみではなく，いくつかのタイプの地形に分類できると考えられるのである．

　私は，図会に描かれている地形をより正確に把握するために，地図上で名所神社の立地場所を確かめた．そして神社の周辺3km範囲の地形図を用いて地形の特徴を把握し，名所の空間構造を読み取ろうと試みたのである．

　当時の地図上に，神社の位置を確定してプロットし，その後に地図上から神社周辺の地形に関わる定量的な指標を読み取りデータとした．これについては第2節と第3節で述べている．第2節では，取り上げた指標について説明し，第3節では，福岡県における名所立地の地理的な概要を述べよう．

　ついで，このデータによって名所の地形のグループ化を試みた．それでも分類基準が不明確なので，名所神社が立地している現地を訪れ，微地形を調査して，それを補完して再分類している．以上の手続きにより，8つの立地類型を導いた．これを第4節，第5節，第6節で述べることにする．

　最後に第7節では，類型化された名所の各タイプが福岡県下でどのような場所に，見出されるのかを調べた．

2.2 地形図と現地調査から読み取る指標

　神社の立地場所を，1/50,000地形図（1904）上で調べた．計測事例を図2.1に示す．

2.2.1 神社の立地場所

　立地場所は，あらかじめ次の8つに区分し，これに該当しているかどうかを調べた．8つの区分とは，1つは岬，2つは河口，3つは平野部（周辺3kmに山がない），4つは盆地部（周辺3kmが山に囲まれている），5つは山辺（平野），6つは山辺（盆地），7つは谷筋，8つは山頂である．すなわち，神社が，岬に立地しているのか，河口に立地しているのか，平野部に立地しているのか，等を調べたのである．神社の立地場所は，このうちの1つには該当するようにした．

2.2.2 神社の周辺地形

　ついで，この神社の周辺の地形を調べた．
　第1には神社の周辺3km以内に，山頂があるか

表：地形類型サンプルの周辺地形要素（□…当てはまらない ■…当てはまる）
図2.1　周辺3km以内の計測例

どうか，あるとしたらその山頂の数はいくらか，を調べた．すなわち，3km範囲に存在する山頂数を，なし，1個あり，2個あり，3個あり，4個以上あり，の5つに区分して調べた．

第2には，神社を中心に200m未満の範囲，200m以上1km未満の範囲，1km以上3km以内の各範囲に区切って地形を調べ，海があるか，岬があるか，河口があるか，河川があるか，山頂があるかなど，それぞれの範囲で調べた．この距離の200m未満，200m以上1km未満の範囲，1km以上3km以内の範囲の3つの区分は，景観論上，近景，中景，遠景の距離景の区分に応じて地形の特徴を調べたものである．また，先の「立地場所」の「谷筋」や「山辺」などを判断する際に，明確な基準がないために，これを補完するためのものでもある．

第3に，盆地に立地する神社に関しては，その周辺を囲んでいる山のおおよその間隔，つまり盆地幅を調べたもので，1km未満か1km以上かの2つに区分して調べた．

2.3　名所の立地場所と周辺地形の概要

分析対象とする神社は，地図上で現存していることを確認できた141社である．

この分析対象の神社の立地場所および周辺地形のマクロ的指標の概要を，図2.2，図2.3，図2.4に示す．

2.3.1　立地場所は平野部や盆地部が多い

神社の立地場所を調べると（図2.2），平野部が42社と最も多く，次いで山辺（盆地）が25社，盆地部が24社，山辺（平野）が14社となっている．その他に特徴的な地形に立地している神社では，岬が9社，河口が7社，山頂が6社となっている．

2.3.2　神社周辺には河川が多い

ついで，神社の周辺地形に，岬，海，河口，河川，山頂などが存在するかどうかをみてみよう（図2.3参照）．

河川は，神社の「200m-1km」の範囲内には78％，神社の「1-3km」範囲内には93％が存在しており，神社周辺には各距離の範囲内に河川が存在している．

山頂は，神社の「1-3km」の範囲内に，75％と多く存在する．

また，海は神社の「1-3km」の範囲内に33％存在しており，周辺に海が存在する場合でも名所となっていることを示している．

2.3.3　周辺3km以内には山頂が存在する

神社周辺3km以内の山頂数を調べてみよう（図2.4参照）．山頂数が「1個」の場合が22％，「2個」の場合が26％であり，78％の神社で3km以内に山頂が「1個」以上は存在している．

谷筋に立地している神社の場合，その谷幅はおおむね「200-400m」にあった．

山麓に立地している神社で，その背景にある山

の標高は参考までに示すと,「200-400 m」の高さの山が最も多く12社,「0-200 m」の高さで9社,「400-600 m」の高さは,6社となっている.

全体として見ると,200 mの範囲内の近距離景では,各要素が存在することは少ない.反対に範囲を広げて1 kmから3 kmの遠距離の景範囲内でみると,岬,海,河川,山頂などの地形の要素が,比較的多く存在していることがわかった.

2.4 名所神社の立地を規定する要因

以上の立地場所とその周辺地形の資料により,予備的に神社の立地を分類してみよう.使用する項目は,先に概観した神社の立地場所と,神社周辺の3 km範囲内のそれぞれの周辺地形の指標である.

まず,分類する際に,その分類に強い影響を与える要因を,数量化III類分析によって抽出してみよう.

2.4.1 名所の立地は海岸部か内陸部か,山頂か平野部かでその特徴が決まる

数量化III類分析によるカテゴリースコアの散布図を図2.5に示す.横軸(第1因子)に着目してみると,右方向(正の方向)では立地場所は「岬」と周辺地形の要素で岬が「0-200 m」に「ある」,海が「0-200 m」に「ある」,などの海岸部を表す項目が大きい値を示している.

また左方向(負の方向)で絶対値が大きい項目は,山頂数が周囲3 km以内に「4個」,立地場所は「盆地部」と「山辺(盆地)」など山に囲まれた内陸部を表す項目である.

つまり第1因子は,立地場所が「海岸部」か「内陸部」かを表す指標である.

縦軸(第2因子)に着目してみると,上方向(正の方向)で絶対値が大きい項目は,立地場所は「山頂」,さらに山頂が「0-200 m」に「ある」など山頂を示す項目である.

また,下方向(負の方向)で絶対値が大きい項

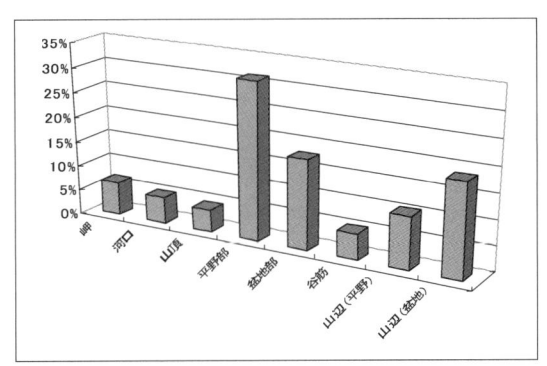

図2.2 立地場所のマクロ指標

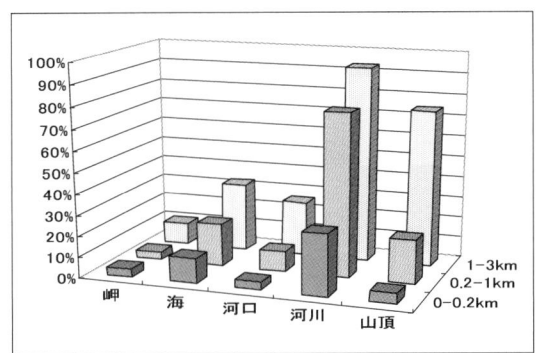

図2.3 周辺地形のマクロ指標

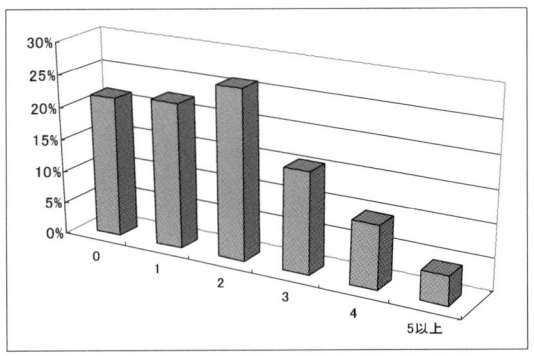

図2.4 周辺3 km以内の山頂数

目は,周囲3 km以内の山頂は「なし」,立地場所は「平野部」など,平野に関連している項目である.

つまり第2因子は,立地場所が「山頂」か「平野部」かを表す指標である.いわば,標高の指標と言える.

2.4.2 名所は,周辺にある山頂の数と周辺200 m範囲の地形で特徴が決まる

第3因子と第4因子のカテゴリースコアの散布

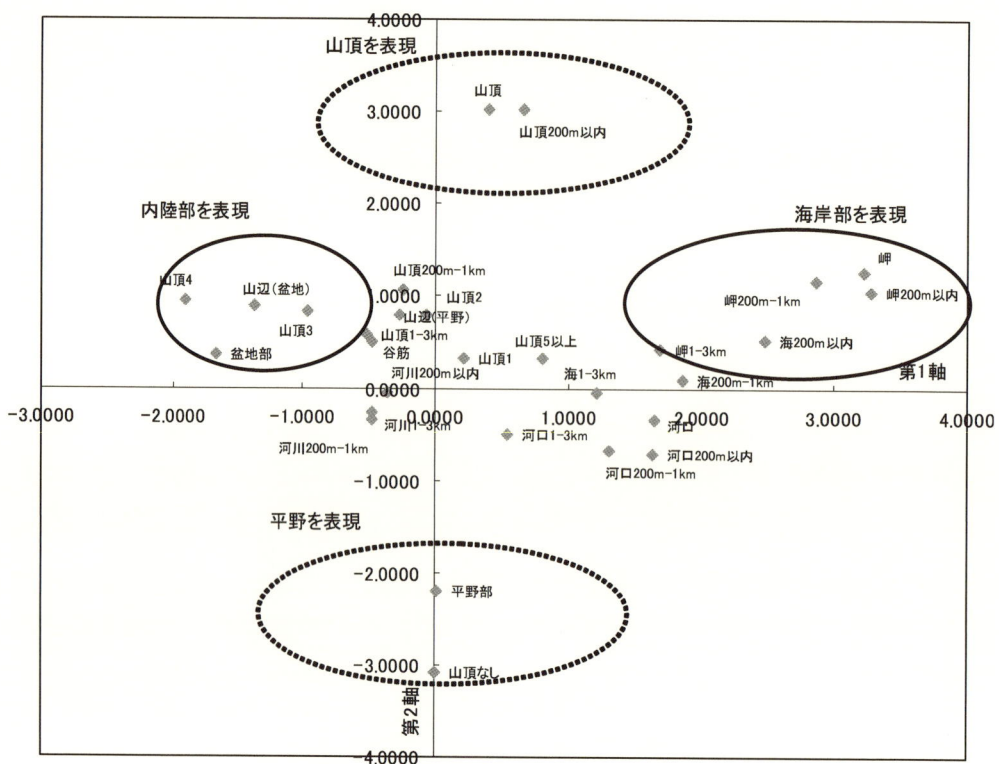

図2.5 第1軸・第2軸のカテゴリースコア

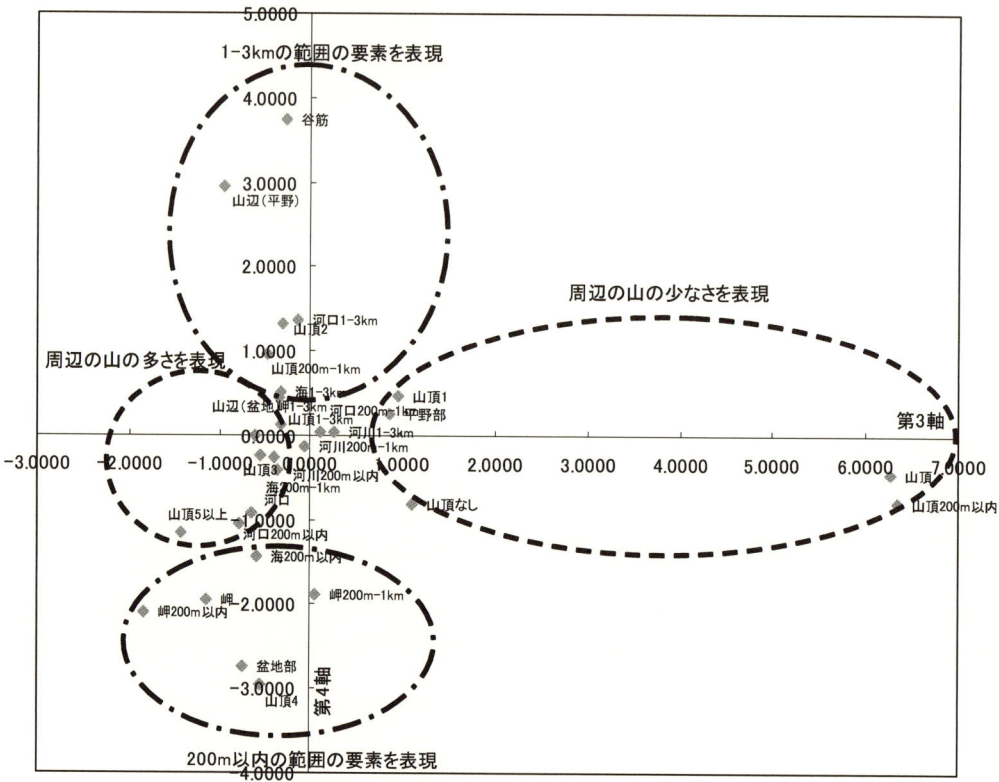

図2.6 第3軸・第4軸のカテゴリースコア

図を図2.6に示す．

横軸（第3因子）に着目してみると，右方向（正の方向）では立地場所は「山頂」，周囲3km以内に山頂数は「なし」，立地場所は「平野部」など，周囲3km以内に山頂数が少ないことを表している．つまり単独峰が多いか少ないかの指標となっている．

また，左方向（負の方向）で絶対値が大きい項目は，岬が200m以内に「ある」，周囲3km以内の山頂数が「5個以上」や「3個」など，周囲3km以内に存在する山頂数が多いことを表す項目である．

つまり第3因子は，「周囲3km以内の山頂の多さ」を表す指標である．

縦軸（第4因子）に着目してみると，上方向（正の方向）では，立地場所は「山辺（平野）」，「谷筋」の値が大きく，河口は周辺「1-3km」に「ある」，海は「1-3km」に「ある」など，周辺の1-3kmの範囲の地形要素を表す項目が大きい．

また下方向（負の方向）で絶対値が大きい項目は周囲3km以内の山頂数は「4個」，岬は「0-200m」に「ある」，海が「0-200m」に「ある」など，周辺の200m以内の要素を表す項目である．

つまり第4因子は，「周辺200m範囲の地形」を表す指標である．

以上のことから，神社の立地に強く影響を与える要因は，海か内陸，平野か山頂かの尺度が最も大きい地形要因であり，ついで周辺にある山頂の多さと周辺3km以内にある地形の様子，つまり山並みに囲まれているかどうかの要因が，神社の立地類型に影響を与えることが分かる．

2.5 名所空間の類型化のための前処理

神社の地形空間の基本構造として解釈した4つの軸によって，各神社の立地の似たもの同士を分

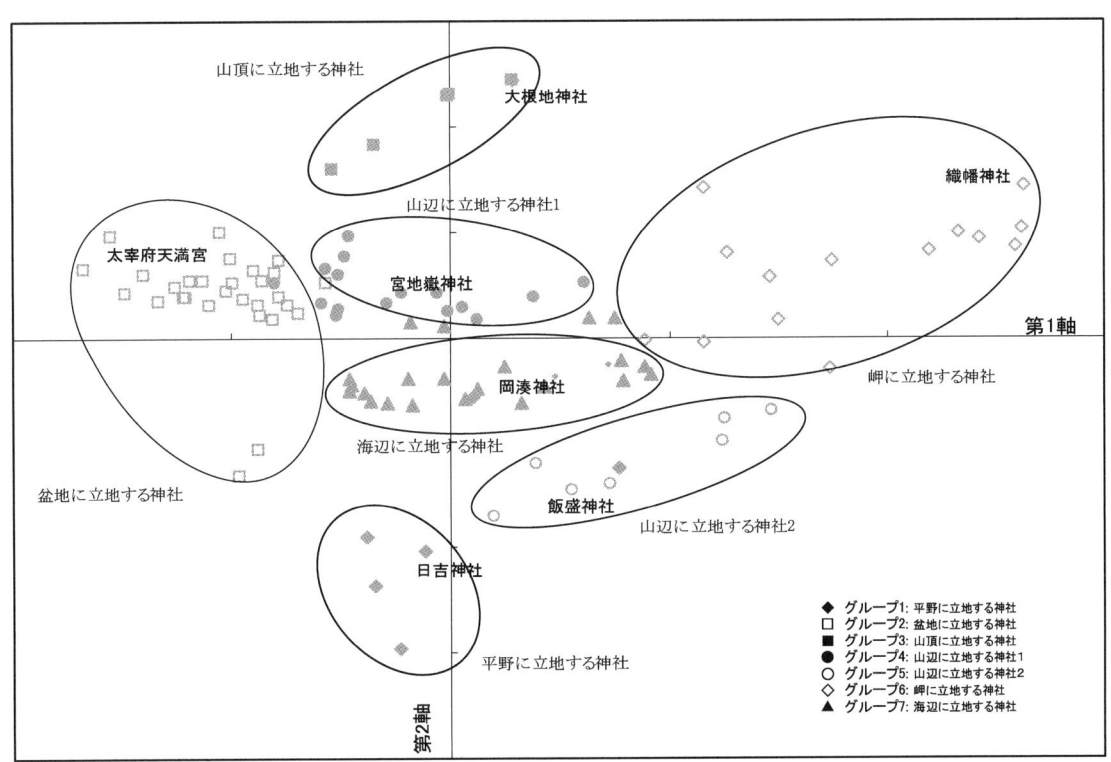

図2.7 第1軸・第2軸のサンプルスコア

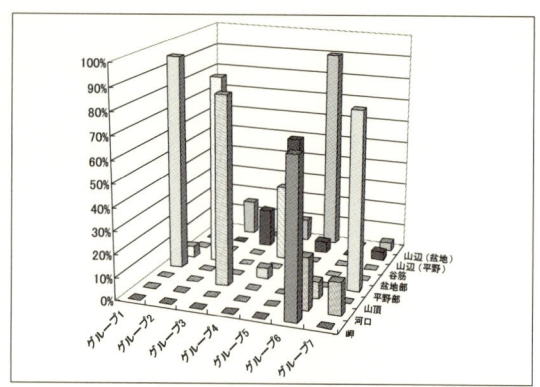

図2.8　立地場所

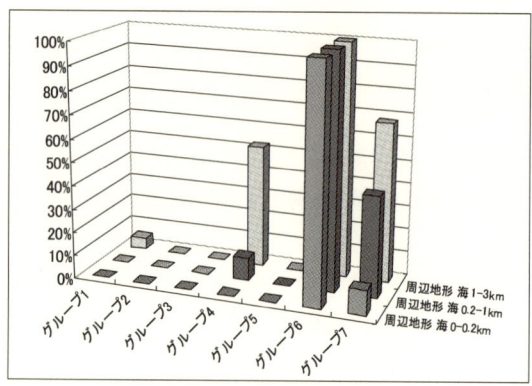

図2.9　周辺地形　海

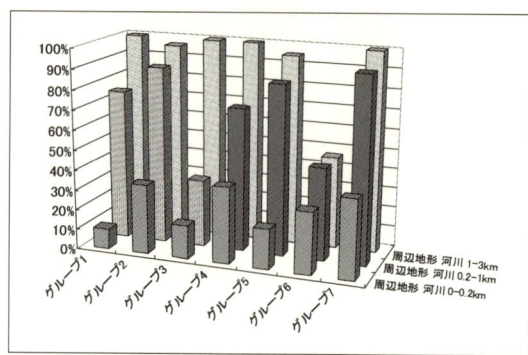

図2.10　周辺地形　河川

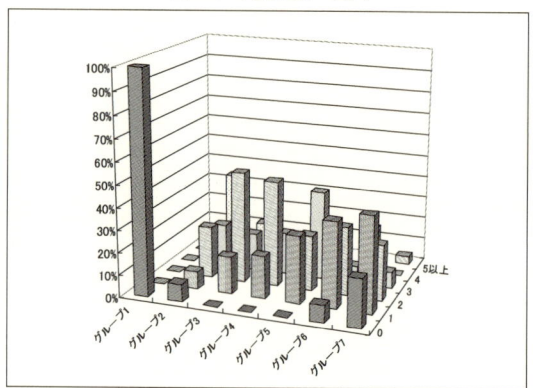

図2.11　周辺3km以内の山頂数

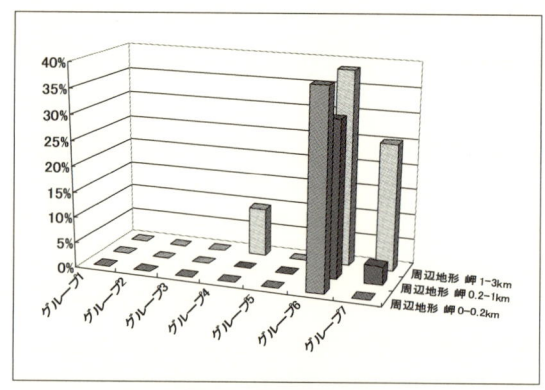

図2.12　周辺地形　岬

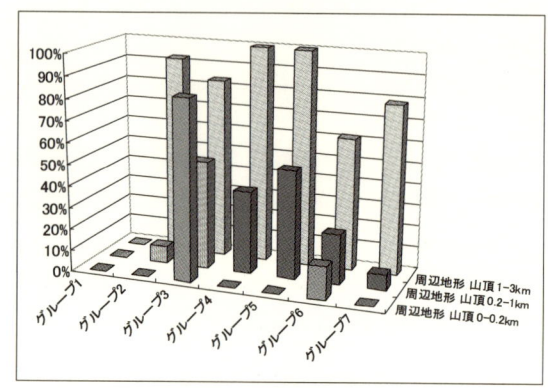

図2.13　周辺地形　山頂

類した．各神社ごとの得点の散布図とそれを分類した図を図2.7に示す．

図に示すように神社は，7つのグループに分類することができた．

2.5.1　定量的に類型化された7つのグループ

各グループ毎に，地形の特徴を示す．図2.8に分類されたグループと立地地点との関連を示している．また図2.9から図2.13までに，分類されたグループと神社周辺の状況との関連をグラフで示している．ここでは以上のグラフより，各グループの特徴を示そう．

1）**グループ1**：このグループの神社は，「平野部」に立地しており，その周囲には山はなく，周囲200 m‐3 km以内に河川が存在し，海辺からは1 km以上離れている．従って「平野に立地する神社」である．

2）**グループ2**：このグループの神社は，「盆地部」に多く立地しており，ついで「山辺（盆地）

に立地，そしてその周囲は山に囲まれている．従って内陸の「盆地に立地する神社」である．

3）グループ3：このグループの神社は，「山頂」に立地し，周囲3km以内に他の山が「0-1個」とわずかに存在しており，神社が立地している山頂から麓までの3kmの範囲内に，河川が流れている．従って「山頂に立地する神社」である．

4）グループ4：このグループの神社は，「谷筋」に立地している．平野部から丘陵地となる接点の山辺に立地し，周囲の200m-3km範囲内に2-3個の山頂と河川，一方で，200m-3kmの範囲内に海，河口を配す．その位置は，他に比べて海辺に近いが山辺にも立地していることからさしあたり「山辺に立地する神社1」としておく．

5）グループ5：このグループの神社は，「盆地部」から山が立ち上がる山辺に多く立地しているが，周囲200m-3kmの範囲内に「1-3個」の山頂を配し，また200m-1kmに河川を配す．従って「山辺に立地する神社2」としておく．

6）グループ6：このグループの神社は，「岬」や「海岸部」に多く立地し，周囲200m以内には必ず海がある．従って「岬に立地する神社」といえる．

7）グループ7：このグループの神社は，海岸部付近の平野に立地し，周囲200m以内に河川，周囲200m-3kmの範囲内に海，河口がある．従って「海辺に立地する神社」である．

以上の分類結果からもわかるように，「平野に立地する神社」，「山頂に立地する神社」，「海辺に立地する神社」，「岬に立地する神社」は，ほぼ明確に分類されている．それ以外の3つのグループ，グループ2の「盆地に立地する神社」，グループ4の「山辺に立地する神社1」，グループ5の「山辺に立地する神社2」が地形上の性格においてやや不明確である．

2.5.2 微地形の現地調査によるグループの検証

そこで，これら3つのグループについて現地調査によって，詳細な微地形を調べた．

(1) 微地形データの収集

微地形の調査では，神社とすぐ周辺との標高の差を調べること，盆地部においては盆地幅を調査すること，現地の写真撮影を行うこと，とした．

1）微地形

現地で神社を観察し，神社が立地する地形を，平地・麓・中腹・山頂・丘・山のカテゴリーで判定し，その後，「平地」，「麓」，「中腹・山頂」の3つに分けた．具体的に高さの基準がないため，実態に即して図2.14のように考えた．

なお，1/50,000地形図（1904）ではコンターラインが20m間隔のために，丘や小山などの地上から数メートルの突起は表記されていない．立地する神社を現地で観察し，突起した場所に立地している場合は山頂と判断することにした．

2）盆地幅の計測

盆地の幅は，以下のように計測した．

国土地理院発行の1/25,000地形図（1995）を用いて，周辺を取り囲む山の等高線が途切れず山際であると考えられる等高線を定め，神社を通り両端が山際と接する線分でその長さが最小となる値を盆地幅とした（図2.15）．

(2) 各グループと微地形・周辺との関係

先に示した3つのグループと，現地調査による微地形，周辺との標高差の関連を，明らかにしよう（図2.16と図2.17参照）．

1）グループ2について

このグループに該当する神社は28社である．盆地に立地するこのグループの微地形を見ると，「平地」が15/28と最も多く，次いで「中腹・山頂」が8/28である．

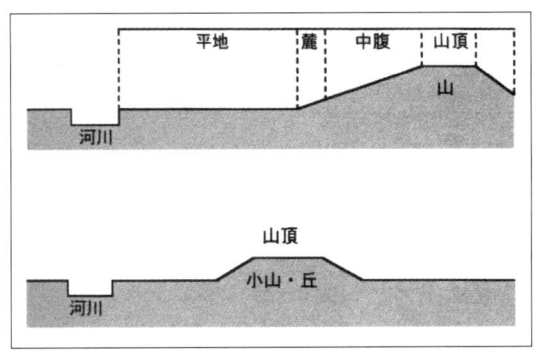

図2.14 微地形

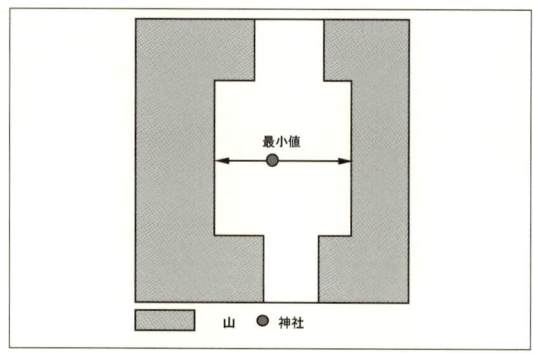

図2.15　盆地幅

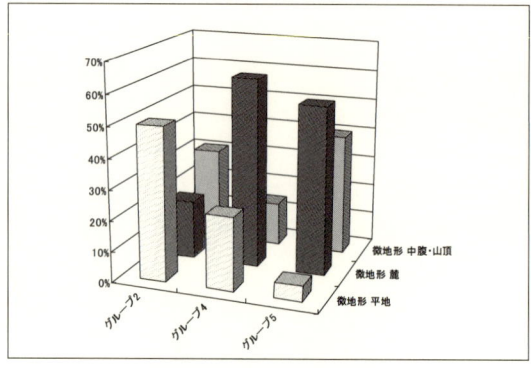

図2.16　グループと微地形

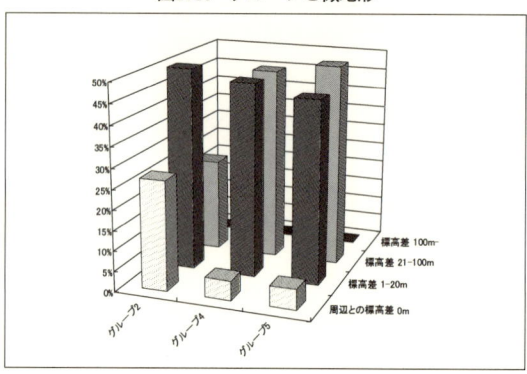

図2.17　グループと周辺地形

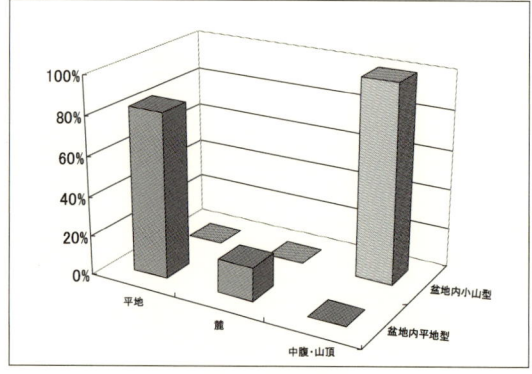

図2.18　現地地形

神社と周辺の標高差は，「1-20m」が14/28と最も多く，次いで「0m」が8/28と反応数が大きくなっている．

盆地に立地する神社は，盆地内の「平地」に立地するタイプ，つまり盆地の中で標高差が小さい場所に立地する神社と，一方で盆地の中で相対的に標高の高い場所に立地している神社が，つまり「中腹・山頂」に立地するタイプが存在していることがわかった．

つまり，この立地グループでは，2つの小グループが存在していることがわかった．

2）グループ4について

このグループに該当する神社は18社である．平野部の山辺に立地するこのグループの微地形をみると，「麓」が11/18で最も大きい．

神社と周辺の標高差は「21-100m」が11/18と最も大きく，次いで「1-20m」が6/18と反応数が大きくなっている．一方「0m」はほとんどない．

平地の山辺に立地するこのグループは，全体として周囲との標高差を「1-100m」とすると，「麓」(20/21)に立地していることがわかる．小グループを想定するまでには至らない．

3）グループ5について

このグループに該当する神社は，20社である．このグループの微地形をみると，「麓」が12/20と最も多く，次いで「中腹・山頂」が7/20と多くなっている．神社と周辺の標高差は，「21-100m」が10/20と最も大きく，次いで「1-20m」が9/20と反応数が大きくなっている．これも「0m」がほとんどなく「平地」は見られない．

このことから盆地部の山辺に立地する神社は，「麓」に立地するタイプと「中腹・山頂」に立地するタイプが存在することがわかるが，「麓」と「中腹・山頂」では区別が難しくこれも小グループを想定することは出来ない．

4）盆地部のグループの明確化

以上の現地調査の結果を総合的に判断すると，グループ2は，「盆地内平地立地型」と「盆地内小山立地型」の2つに区分して，類型化すること

が可能である．なお，図2.18に「盆地内平地立地型」と「盆地内小山立地型」と微地形の関連を示す．平地と中腹・山頂によって2つの類型が区分されていることが理解できよう．

グループ4は，1つの立地類型のほうが望ましく，「海辺山麓立地型」と判断する．

グループ5もまた，1つの立地類型と判断できることから「山辺立地型」とする．

すなわち，以上の結果から，名所とされる神社の立地類型は，8つのグループに分かれると判断できるのである．

2.6 神社の立地類型の特徴

前節で示した8つのグループの特徴について，代表的な事例を通して述べよう．

2.6.1 「平野立地型」（神社数20）
(1) 立地場所と周囲3 kmの地形要素

この類型は，先のグループ1であり，立地場所は全て「平野部」である．

この類型の神社周辺の地形要素に着目すると，周囲3 km以内に岬，海，河口といった海を感じさせる項目は存在しない．また，周囲3 km以内に山頂が1個も存在せず平野部であり，近くには河川が流れている．

(2) 現地調査による微地形・標高の特徴

この類型の微地形では，「平地」であり，神社と周辺の標高差はほとんど見られない．

(3) 類型の特徴

この類型の神社は，河川が周囲200 m-3 kmの範囲内に存在し，海辺から離れた平野の平地に立地していることが特徴である．このことから「平野立地型」といえる．

図2.19にこの類型の1つの事例として，日吉神社の周辺の地形を示している．

日吉神社は，久留米市の平坦な市街地内に立地している．地図中，神社から上部の北西方向にわずかに見える河川が筑後川で，南下して有明海に注ぐ．河川沿いには県社の水天宮が見えこれも平

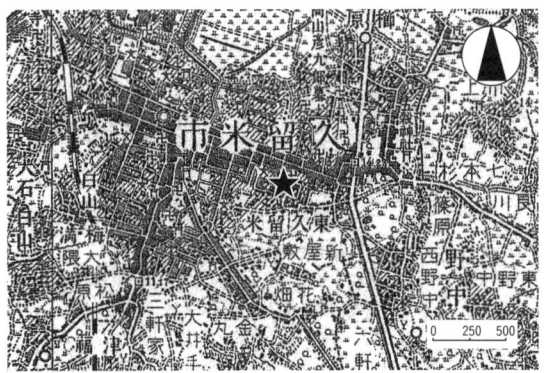

図2.19 日吉神社の周辺地形

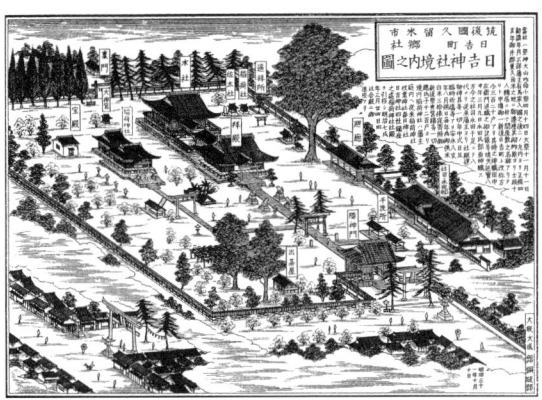

図2.20 図会に見る日吉神社

野立地型である．神社から西側約1.5 kmの位置には南北を走る当時の八代線（現鹿児島本線），それに久留米駅が見える．地図中の右，東側約500 mには旧市街地の端を南北に国道3号線が通っている．神社は，ちょうど市街地の縁に立地していたことがわかる．

神社の境内は，西向きとなっており，図会（図2.20）に描かれている境内の軸方向は，西北西方向である．図会中の鳥居の前の参道は現在ではやや狭くなり，また境内の奥行きも短くなっている印象ではあるが，全体としては，おおむね実景が描かれていると判断できる．市街地内の立地であるから周辺と境内とのレベル差はなく，スムーズにアプローチできる（図2.21）．

2.6.2 「盆地内平地立地型」（神社数18）
(1) 立地場所と周囲3 kmの地形要素

この類型の立地場所は，概ね盆地部の平地であ

図2.21 現在の日吉神社

図2.22 図会に見る生立八幡神社

る．先のグループでは，グループ2に該当していたが，これが2つに分化し，そのうちの1つである．

　この類型の神社周辺の地形要素に着目すると，周囲3km以内に岬・海・河口といった海を感じさせる項目は存在しない．

　他の類型に比べると，盆地部の中央を流れる河川沿いに立地している神社が該当している．

　周辺の山頂については，周囲3km以内に山頂数「4個」と他の類型と比べ周囲の山頂数は多い．これによって盆地部に立地していることが理解できる．

　この事例として，京都郡の生立八幡（おいたつはちまん）神社の図会を図2.22に，周辺地形を図2.23に示す．神社は，犀川町の宮本集落の中にある．神社のすぐ近くは田園であり，南側を2級水系の今川（神社から約250mの位置）が北東方向の周防灘に注ぐ．田園から離れると低い山並み（標高50-100m程度）に囲まれている．

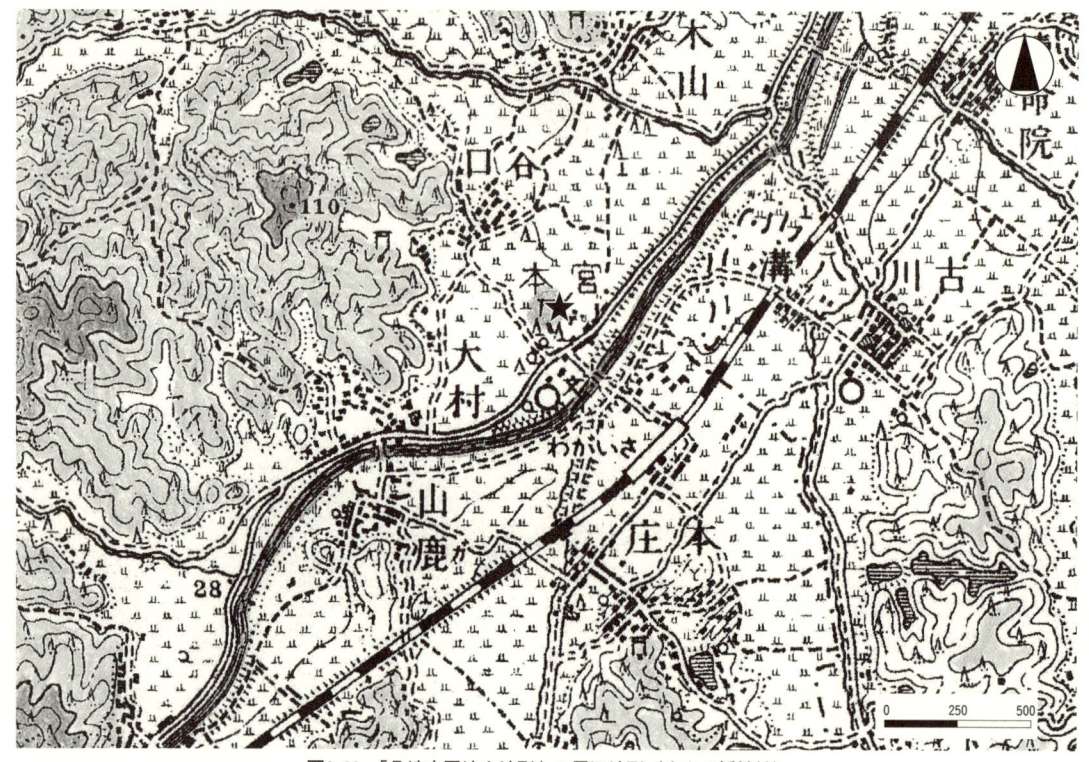

図2.23 「盆地内平地立地型」の周辺地形（生立八幡神社）

神社の近くには北から南西方向を横切る鉄道があり，旧国鉄田川線（現在は第3セクターによる平成筑豊鉄道田川線）で，神社から約500 mの位置に犀川駅が見える．

図会に描かれている神社は，実際にも周辺の地形と同じレベルに位置し（図2.24），盆地内の平地に立地している．

(2) 現地調査による微地形・標高の特徴

この類型に該当する神社は，盆地内での周辺との標高差はなく，盆地内の「平地」に立地している．

(3) 盆地幅の特徴

この類型の盆地幅は，「0-1 km」が50 %，「1 km以上」が50 %である．盆地幅が大きなケースと盆地幅の小さなケースの2つのケースが存在している．

(4) 類型の特徴

この類型の神社は，周囲3 km以内に多くの山頂が存在し，また周囲200 mから3 kmにかけては河

図2.24 実景に見る生立八幡神社

川が存在する盆地のほぼ中央の平地に立地している．周囲に海に関連する地形的な要素は存在しない．このことよりこの類型は，「盆地内平地立地型」といえる．

図2.25には，やや狭い幅の盆地に立地している神社の例として，太宰府市にある太宰府天満宮を示す．図2.26にその図会を示す．

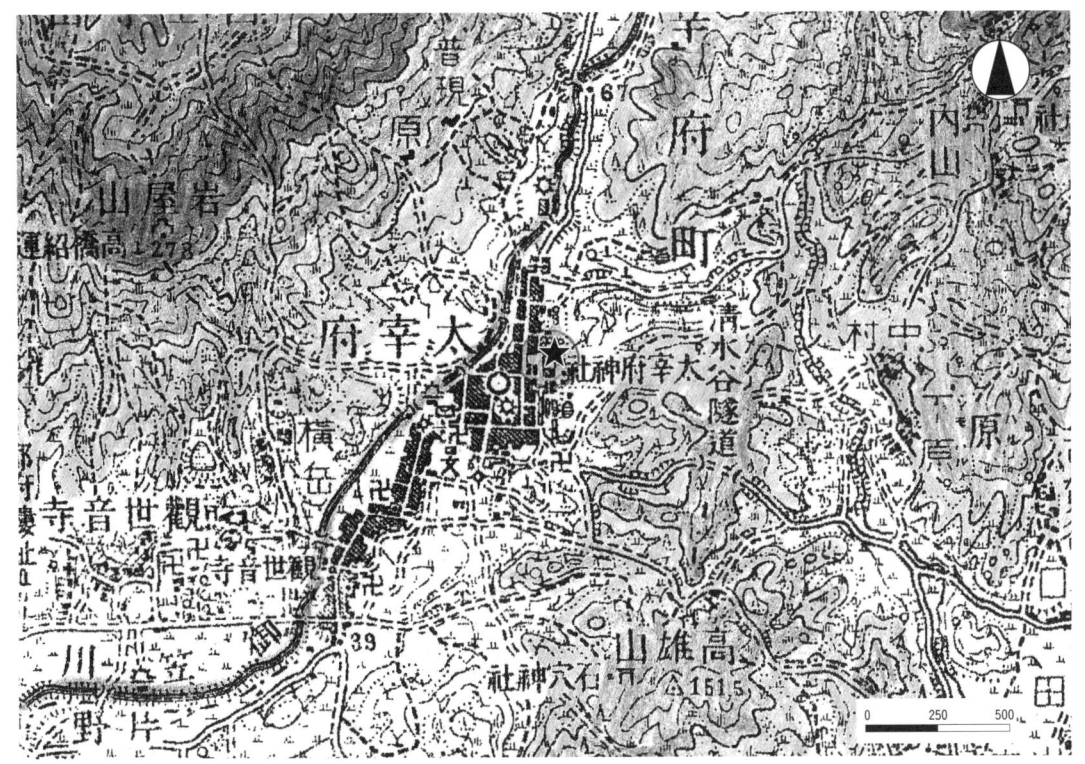

図2.25 「盆地内平地立地型」の周辺地形（太宰府天満宮）

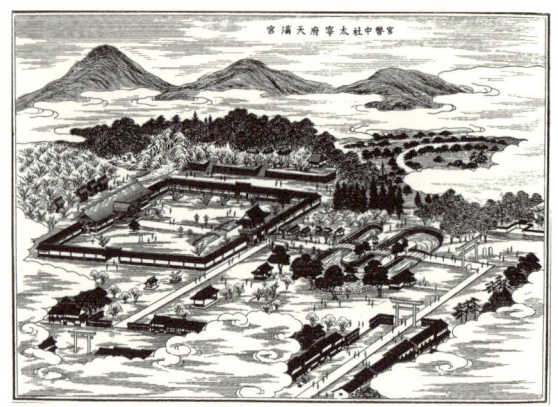

図2.26　図会に見る太宰府天満宮

周辺を山並みに囲まれて立地している様子がわかる．地図の上の部分の北西には，四王寺山があり標高367 m，北東には宝満山869 m，南方向にはやや低い山の高雄山に神社は囲まれており，この狭い盆地に立地していることがわかる．

図会に描かれている背後の3つの山並みは，北東に位置する宝満山，大根地山，砥石山の山容で

ある．おおむね地形の印象は実景に近く描かれているようだが，境内は実景のほうがやや大きい．

北方向から南西方向には2級水系の御笠川が流れ，博多湾に注ぐ．

2.6.3　「盆地内小山立地型」（神社数8）

(1)　立地場所と周囲3 kmの地形要素

この類型の立地場所は，全て「盆地」である．先のグループでは，グループ2に該当していたが2つに分化したもののうちの1つの類型である．

この類型の神社周辺の地形要素に着目すると，河川が周囲「200 m-3 km」に流れており，山頂は，他の盆地に立地する類型と比べて，周囲1 km以内には山頂は存在しないが，「1-3 km」には必ず存在しており，周辺は盆地部の地形を示している．河川については，他の盆地に立地する類型と比べると最も離れている．

名所の周囲3 km以内に岬，海，河口といった海の存在を感じさせる項目は存在しない．

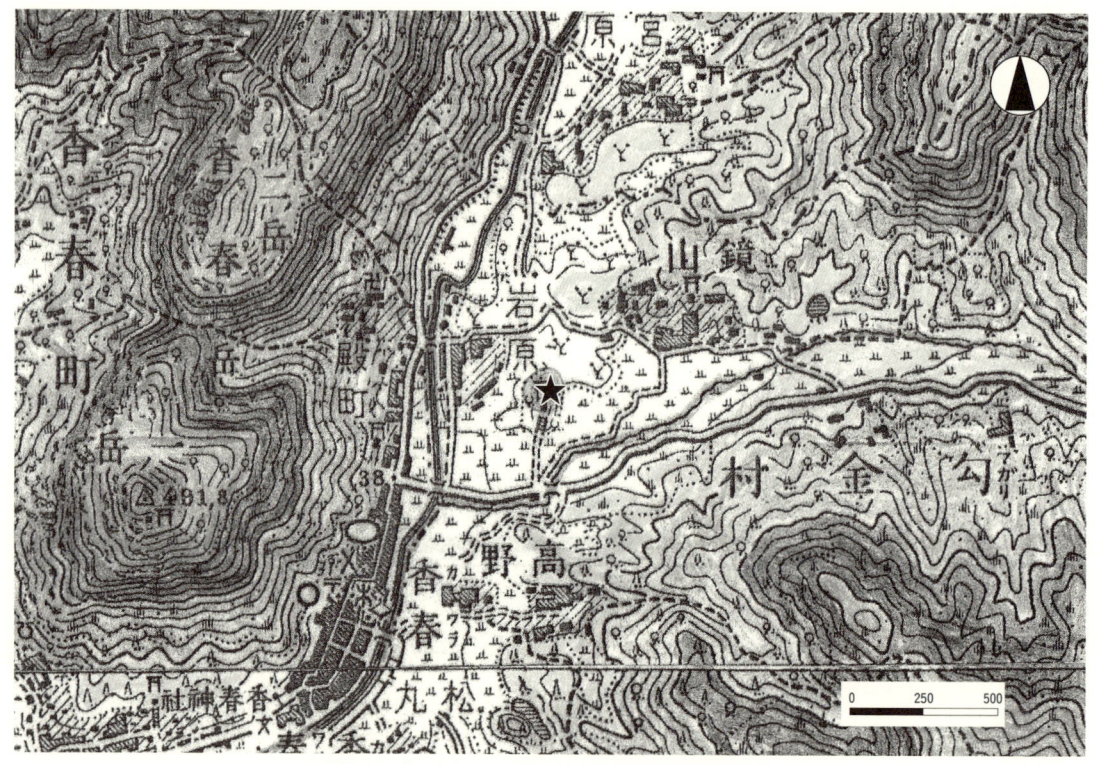

図2.27　「盆地内小山立地型」の周辺地形（鏡山神社）

図2.28 やや離れて小山立地の鏡山神社を見る

図2.29 図会に見る鏡山神社

(2) 微地形・高低差

　この類型の微地形は，全て「中腹・山頂」に該当する．神社の立地している位置と周辺との標高差は，「21-100 m」が多く，次いで「1-20 m」であり，周辺との標高差は無視できない．つまり，この類型は，山に囲まれた盆地部の平地でありながら，やや高くなっている小山に立地していることがわかる．

　図2.27に，この事例として，鏡山神社を示す．1/25,000地図の10 m間隔上のコンターラインでは判定できず，現地調査ではじめて判断できるグループである．神社は平地の田畑の中のやや高い小山にある．この小山は，鎮守の森に囲まれており，古墳の雰囲気すら漂わせていた（図2.28）．この神社から眺望するというよりは，周りと隔絶されている印象である．隣接して西側には，河内王陵墓がある．その近くには万葉歌碑「岩戸破る手力もかも手弱き女にしあれば術の知らなく」（手持女王）があるし，図会（図2.29）の左手に陵墓が描かれている．

　西側には香春岳の一岳，二岳，三岳（標高400-500 m）の山で閉ざされているが図会には描かれていない．北東側は，1.8 km先にある障子岳（426 m）と東南側にも400 m級の山並みに囲まれ，七曲峠や仲哀隧道がありその様子は，図会に描かれている．図会のやや右下に描かれている小富士は不明である．

　このように西側は急峻な香春岳であるが，山頂は削り取られて存在せず，また，東側はややなだらかな丘陵地となっている．金辺川がここでは南下し，やがて屈曲して北上し1級水系の遠賀川となり，響灘に注ぐ．図会の左手に描かれている．神社が位置する平坦地の標高は20-30 mであり，この平地に小山が存在しているのである．

　このように図会は，実景をよく反映していると判断している．

(3) 盆地幅・山麓までの最短距離

　この類型の神社の立地している盆地の幅は，他の盆地に立地する類型と比べてやや広い．

(4) 類型の特徴

　この類型の神社は，周囲を山に囲まれ盆地幅の比較的広い平地の中の小山の山頂に立地している．このことより「盆地内小山立地型」といえる．

　事例としてここでさらに，田川郡伊田にある風

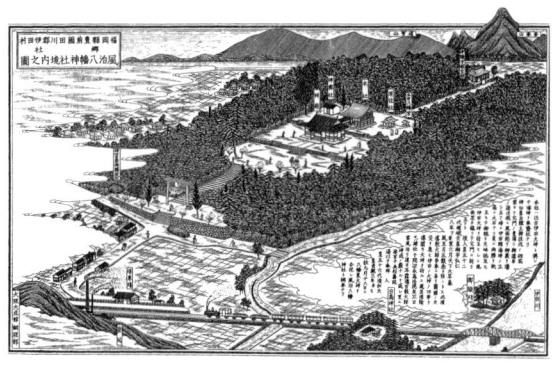

図2.30 風治八幡神社の図会

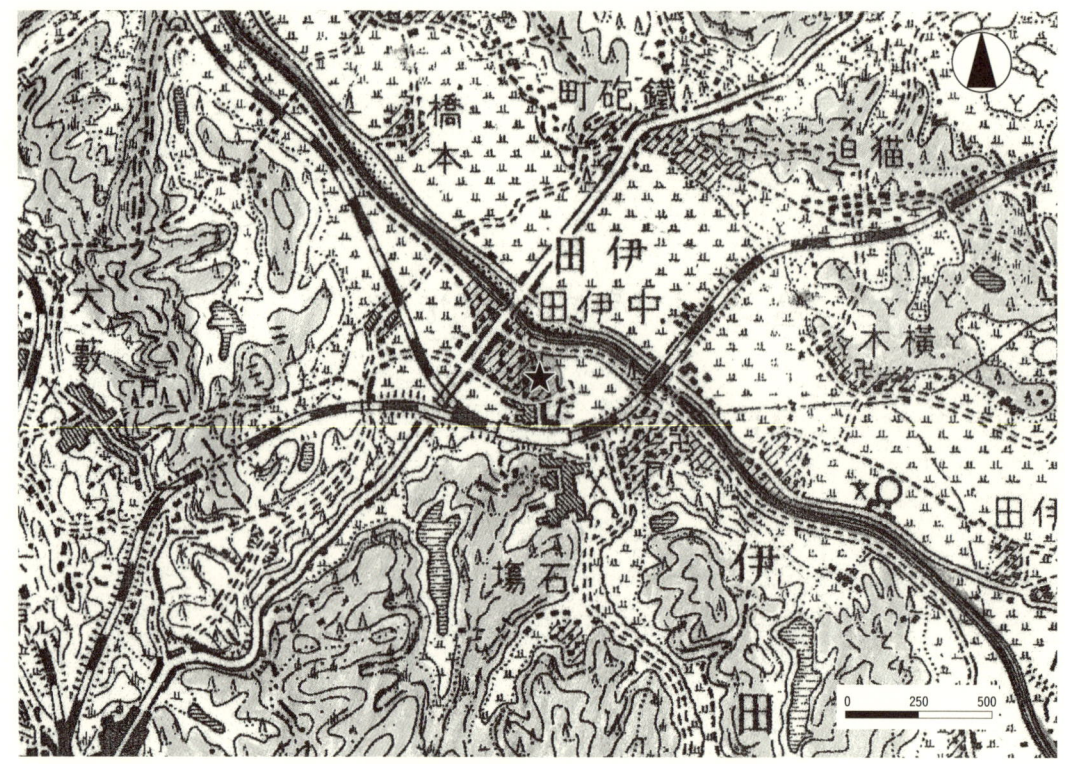

図2.31 「盆地内小山立地型」の周辺地形（風治八幡神社）

図2.32 風治八幡神社の実景で小山に立地しているために上る

治八幡神社の事例を，図2.30にその図会を図2.31に周辺地形を示す．

　標高30 m程度の広い田畑の平地があり，その中央部にある小高い山に，神社は立地している．この周囲には，50-100 m程度の低い山並みがある．北側には彦山川が流れ，それは北上して遠賀川となる．神社のすぐ南側には当時の田川線（現平成筑豊鉄道田川線）が走り，北上する伊田線（現平成筑豊鉄道伊田線）と分岐している．この地域一帯は，明治・大正期に炭鉱の最盛期に相次いで鉄軌道が設けられた．地形のコンターラインに着目すると，伊田の集落内のやや小高い山に立地していることがわかる．マクロ的に図会と実景を比較してみても，よく類似している．図会に描かれている背後の山並みは，北約4 km先の香春岳，さらに約11 km先の福智山である．

　実景では，神社周辺は建物が建てこんでおり，神社の周辺地形の様子を表現できないが，境内を登る階段（図2.32）で小山に立地していることが理解できよう．

2.6.4 「山頂立地型」（神社数6）
(1) 立地場所と周囲3 kmの地形要素

　この類型の神社の立地場所は，「山頂」である．先のグループではグループ3に該当していた．

　この類型の神社の周辺の地形要素に着目すると，河川と山に関する項目が多く現れているが，

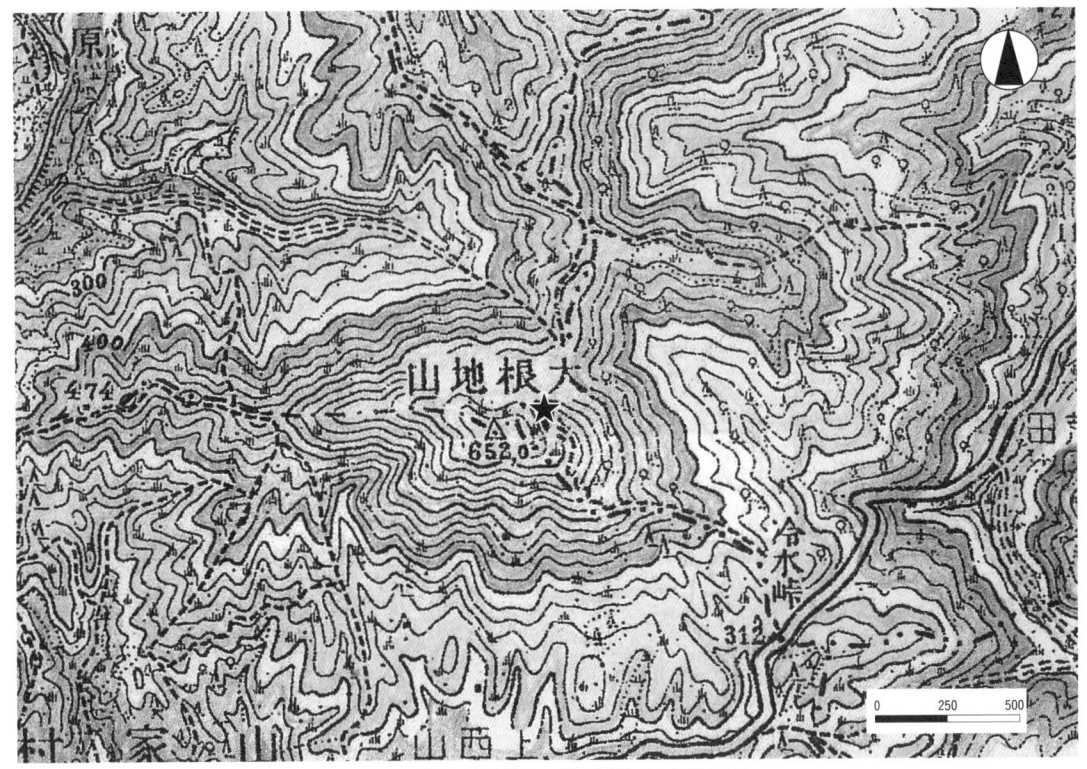

図2.33 「山頂立地型」の周辺地形（大根地神社）

逆に「周囲3km以内の山頂数」は少なく，この神社が独立峰に立地していることがわかる．また，名所の周囲3km以内に岬，海，河口といった海を感じさせる項目も存在しない．

(2) 現地調査による微地形・標高の特徴

山頂に立地するこの類型の微地形は，全て「中腹・山頂」である．また，神社と周辺の標高差は全て「101m以上」である．このことからも周囲の山との標高差も大きいことが特徴である．

(3) 類型の特徴

周囲3km以内には他の山は少なく，独立峰に立地するタイプで，「山頂立地型」である．

図2.33に，この事例の1つとして，嘉穂郡筑穂町にある大根地神社の周辺地形を示す．神社は，大根地山652mの頂上から少し下った東斜面に立地している．北西方位4.3kmには大根地山より高い宝満山869mが見えるが，他の山は低く，大根地山は独立峰である．神社本殿からは，北東方向から南東方向の筑豊地方が一望でき，北に三郡山，南に砥上岳を眼下にみることができる（図2.34）．

南東には，現冷水峠標高312mがあり，これは北側の飯塚方向と南側の筑紫野方向を分ける分水嶺となっており，この峠からこの神社へアプローチするのである．

図会を図2.35に示す．山頂付近に立地している神社の印象は，図会に近いが，冷水峠付近は，変貌している．独立峰とはいえ，現地で裾野から山頂までの山容を一望することは難しかった．大根地山は，古くから山伏の修験の場であった．

2.6.5 「海辺山麓立地型」（神社数21）

(1) 立地場所と周囲3kmの地形要素

この類型の神社の立地場所は，海辺に近い「山辺（平野）」，あるいは「谷筋」である．先の分類ではグループ4に該当していた．

この類型の神社周辺の地形要素に着目すると，1-3kmに海や河口が存在している割合が高く，山頂もまた，近い場所にある．このように，海辺

図2.34 大根地神社の本殿から東方向への眺望

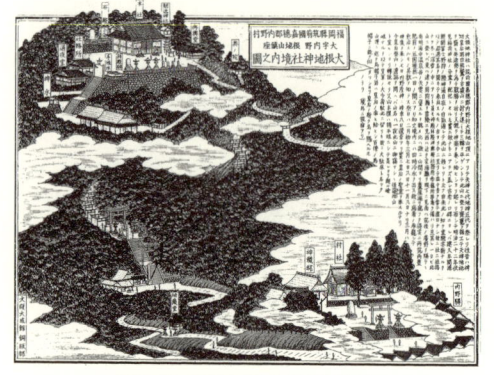

図2.35 図会に見る大根地神社

に近くかつ山辺に立地しているのが，この類型の最大の特徴である．

図2.36にこの代表的事例である宗像郡津屋崎町の宮地嶽神社の周辺地形を，図2.37に図会を示す．背後には230mの宮地岳が控えており，その尾根の先端の麓にこの神社は立地している．西前方には，田畑とその先には玄界灘の海辺（神社から1.5kmの位置）で，視野は十分に開けており囲まれてはいない．平地と比べて標高は，約30m弱の高めの位置に神社はあり，山麓に位置している．実景に示すように（図2.38参照），背後の山の山容は三角の形をしており，このことは図会にも描かれ，実景を見ても特徴的である．私鉄宮地岳駅からのアクセスから見る光景は，山の姿，山と神社の位置関係，さらに社殿の向きなど図会ときわめて類似していることがわかる．ただ境内は図会に比べ実景のほうがやや大きい．

(2) 現地調査による微地形・標高の特徴

山辺に立地するグループの神社の微地形は，「麓」が52％と最も大きく，神社と周辺の標高差

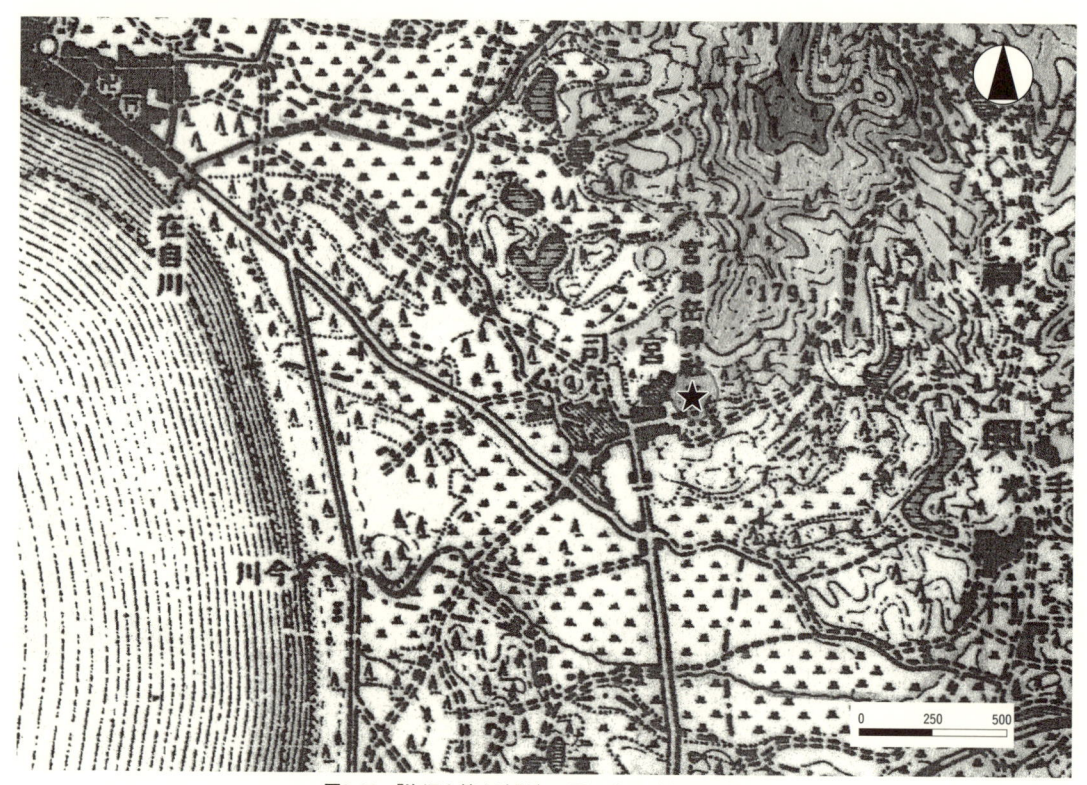

図2.36 「海辺山麓立地型」の周辺地形（宮地嶽神社）

は，「21-100 m」，「1-20 m」がともに48％と大きく，山麓に立地していることがわかる．

平地と山の間の山辺に立地するこの類型は，周囲との標高差が「1-100 m」とばらつきが大きく多様である．

(3) 類型の特徴

この類型の特徴は，周囲1-3 km以内に海があり周囲200 m-3 km以内に「2-3個」の山頂がある．海辺の平野部から丘陵地となる接点の山麓に立地している．

例えば宮地嶽神社は「山の頂に祭壇を設け，祈願して船出したのが始まり」とあるように，海に関連して存在しているのがこの類型「海辺山麓」である．

2.6.6 「山辺立地型」（神社数20）

(1) 立地場所と周囲3 kmの地形要素

この類型の立地場所は，盆地部の平地から立ち上がる山辺である．最初の分類ではグループ5に該当していた．

この類型の神社の周辺の地形要素に着目すると，周囲3 km以内に山頂は「3個」以上で，山頂数は比較的多く，周囲の「200 m-1 km」での反応もまた，他の類型と比べて高い．一方で，神社の周囲3 km以内には，岬，海，河口など海を感じさせる項目は存在しない．

(2) 現地調査による微地形・標高の特徴

この類型の微地形を調べてみると，「麓」または「中腹・山頂」が多くなっている．麓の斜面地に立地するケースと，麓に突出した小山の山頂に立地するケースが存在している．また神社と周辺の標高差はやや大きい．このようにこの類型の神社は，山の中腹や麓の斜面に沿って立地しているのが特徴である．

図2.39に，この事例である嘉穂郡嘉穂町（旧大隈町）に立地する下益神社の図会を示す．人工的に盛土されたところに神社が建てられたと地元で言い伝えがあるという．そうすると古墳の頂に立地した可能性もある．周辺は田園と小集落である．図2.40に実景を示す．鳥居から参道を登り社殿に至り山辺に立地していることがわかる．

図2.37　図会に見る宮地嶽神社

図2.38　宮地嶽神社の背後の山容を見る

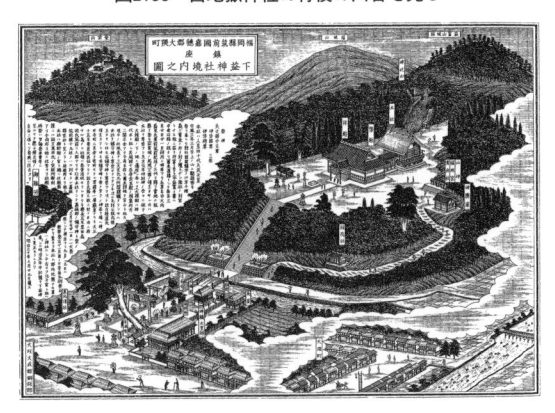

図2.39　図会に見る下益神社

図2.40　下益神社の実景で階段を上れば社殿

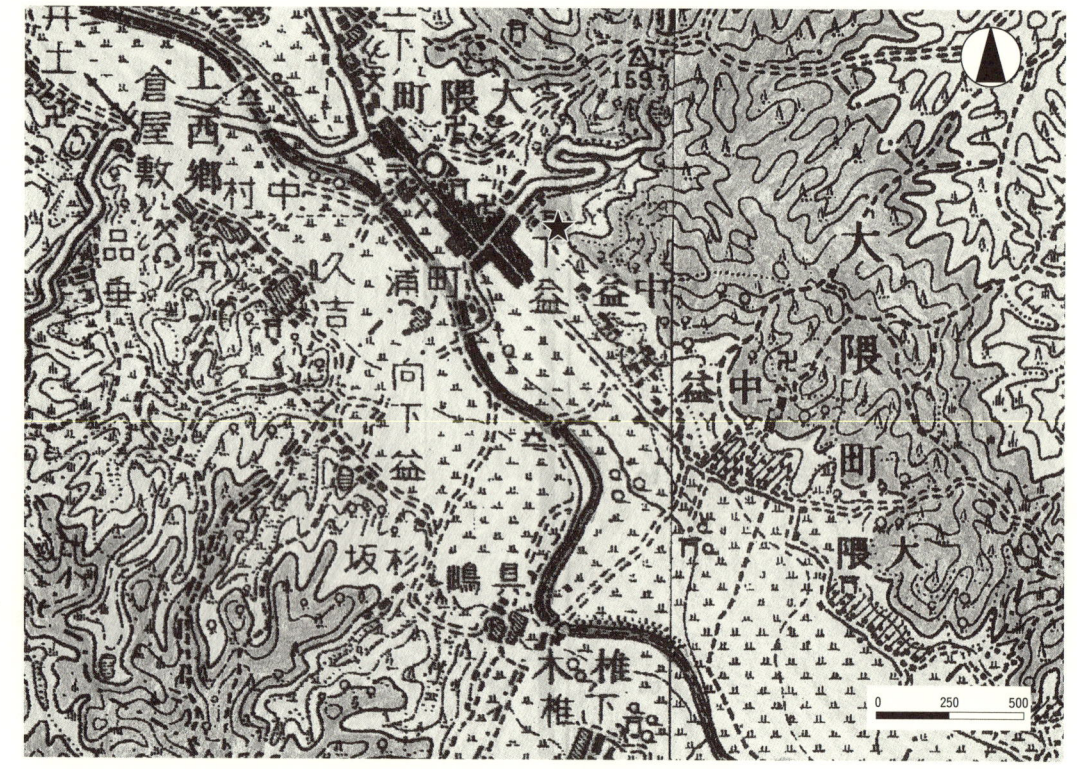

図2.41 「山辺立地型」の周辺地形（下益神社）

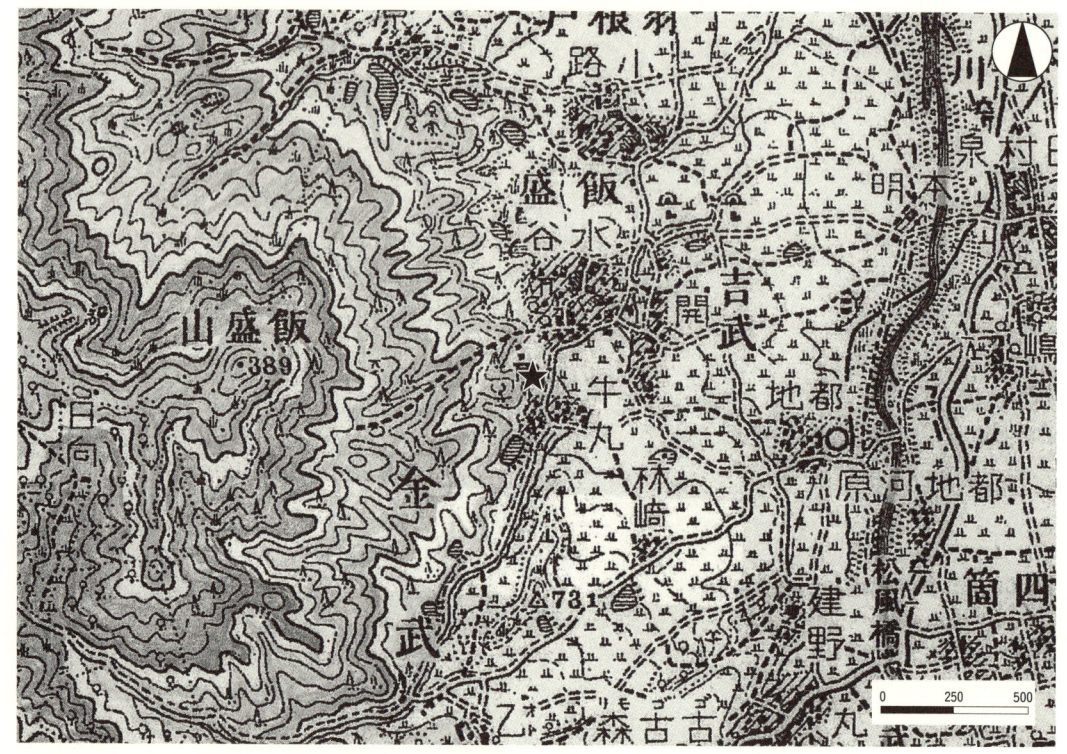

図2.42 「山辺立地型」の周辺地形（飯盛神社）

図2.43 飯盛神社の背後の山容を見る

図2.44 図会に見る飯盛神社

図2.41に周辺地形を示す．神社の南には，南東から北西に流れる遠賀川の支流の嘉麻川（神社から約500 mの位置）が平地を蛇行している．神社の北から北東，南東にかけては，低い山並みが続く．南西の方向には，176 mの山がある．南東から北西にかけて谷あいのようにつらなっており，その山辺に神社は立地している．背後の山への眺望はきかないが，神社前方には平地が広がり，眺望がきく．

図会に比べて，実際の境内はやや小さく社殿もまた小さい．図会には神社が西北方向に描かれているが，現地で確かめると参道はそのままで社殿の向きのみ，西方向に変わっていた．図会にある背後の山並みは，愛宕山，福智山，益富山城址の記載がある．

(3) 盆地幅

この類型の立地している盆地の幅は「0-1 km」で65％と多く，1 km以内であり，他の盆地に立地する類型に比べて盆地幅は小さい．

(4) 類型の特徴

この類型の神社は，斜面地に立地するケースと，山麓に突出した小山に立地するケースが存在する．このことよりこのグループは，「山辺立地型」としている．

図2.42に，この事例として福岡市西部に立地する飯盛神社の周辺地形を示す．神社の背後西側800 m先には飯盛山389 mがあり，この山と平地との境界域の山辺に，この神社は立地している．さらに，この神社の上部の山辺には中宮跡の鳥居，さらに上部に上宮跡の鳥居が今も残っており，平野部から望むことができる．

この飯盛山の山頂付近は三角形に近い山容であり，遠くから眺めてもその形状には，眼が惹かれる（図2.43）．飯盛山は山頂より瓦経が出土するなど古くから信仰の対象であったことが知られている．神社の前方の東側は，福岡平野で見通しがきき，その平野の中を室見川（神社から1.2 kmの位置）が博多湾に注ぐ．

図会（図2.44）に描かれた神社と飯盛山は，相互に独立しているように見えるけれども，位置的にはこの山辺に立地している．境内はやや図会のほうが広めに描かれているが，全体としては図会は実景の印象がよく描かれている．

2.6.7 「岬立地型」（神社数13）

(1) 立地場所と周囲3 kmの地形要素

このグループの立地場所は，「岬」や「砂洲」の先端であり，海岸部に立地している．先の分類ではグループ6に該当していた．

このタイプの神社の周辺の地形要素に着目すると「岬」「海」が多く反応している．

図2.45にこの事例として，宗像郡玄海町の鐘崎に立地する織幡神社の周辺地形を示す．岬の突端には，52 mと示された小山がある．その東側に神社は立地している．周囲は，約1.5 kmの長さ

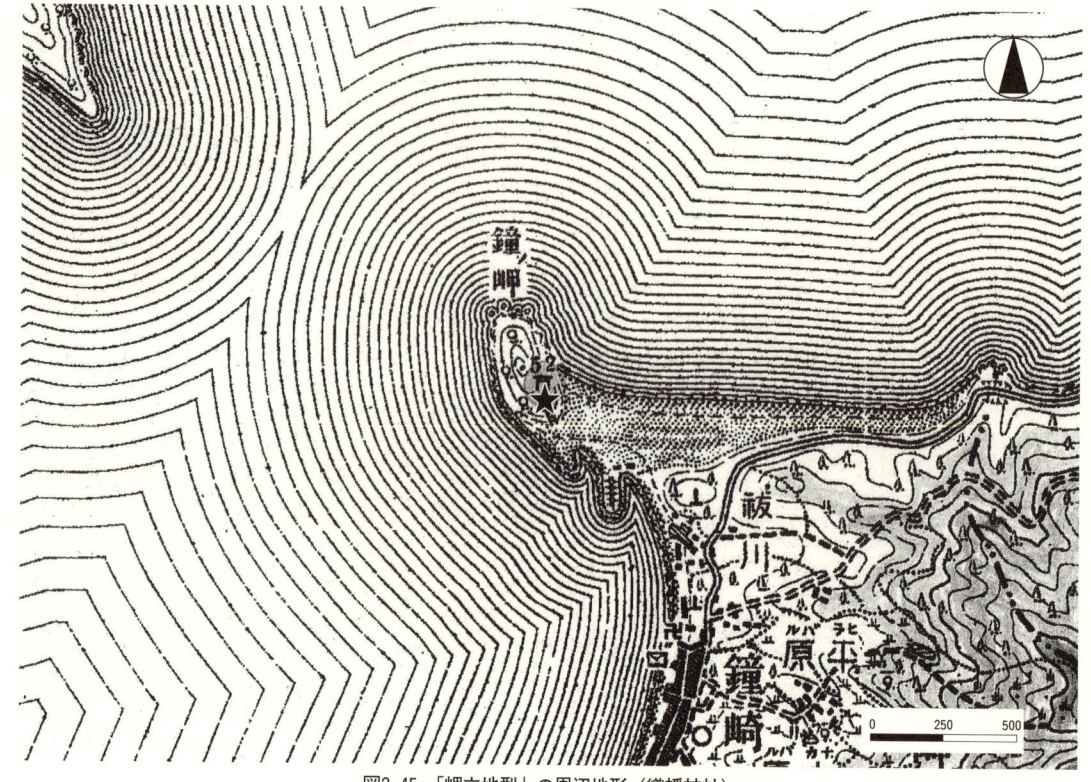

図2.45 「岬立地型」の周辺地形（織幡神社）

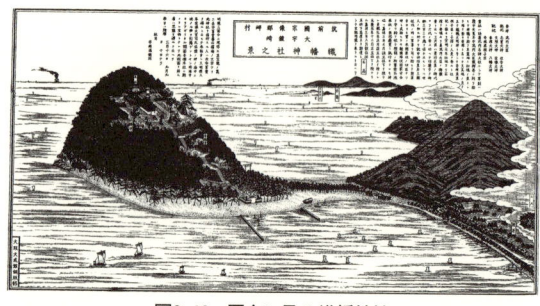

図2.46 図会に見る織幡神社

図2.47 実景の織幡神社

の白砂青松の地であった．北側は響灘，西側は玄界灘である．北西2kmには地島が見える．いつの時代であるか不明であるが，砂洲が陸地として繋がった様子が地図から読み取れる．

実景で見る神社の標高のレベルが，図会（図2.46）に比べるとやや低い．しかしながら全体として見ると，図会に描かれた山容と神社の空間的な特徴は，実景に近いと判断できる（図2.47）．

(2) 現地調査による微地形・標高の特徴

岬に立地するこの類型の微地形は，「中腹・山頂」が69％と最も多く，次いで「麓」が23％と多くなっている．神社と周辺の標高差は，「1-20m」が最も多く，次いで「21-100m」となっている．

このように岬に立地する神社は，岬に突出する丘の中腹や小山に立地し周囲との標高差が若干あり，その差は，概ね平均で27mである．

(3) 類型の特徴

この類型の神社は，岬や海岸部に突出した小山

に立地し，このとき周囲との標高差は 20 m 以内である．周囲 200 m 以内に海を配し，周囲には「1-2 個」の山頂を配する．このことによりこのタイプの神社は，「岬立地型」といえる．

図 2.48 に，この事例の糸島郡志摩町の綿積神社の図会を示す．大きくは唐津湾に面しているのだが，北側は引津湾，南は船越湾に囲まれ，そこに小さな半島があり，その一部の突端に，この神社は立地している．神社の東方向に湾曲している小さいが遠浅の砂浜の存在が見受けられる．その先約 3.5 km に可也山（筑紫富士）が望める．

図 2.49 は，境内から可也山を見る実景である．図 2.50 に周辺地形を示す．神社のすぐ北，湾の中には岩がみえ，背後の南にはやや小高い山 65 m がある．ここの境内には，万葉歌碑「草枕旅を苦しみ恋い居れば可也の山辺にさ男鹿鳴くも」がある．

図会を見ると，やや絵画の技法上難があるが，可也山と神社，引津浦との空間的特長は，現地の印象をよく反映したものであることがわかる．

図2.48 図会に見る綿積神社

図2.49 綿積神社より可也山を望む

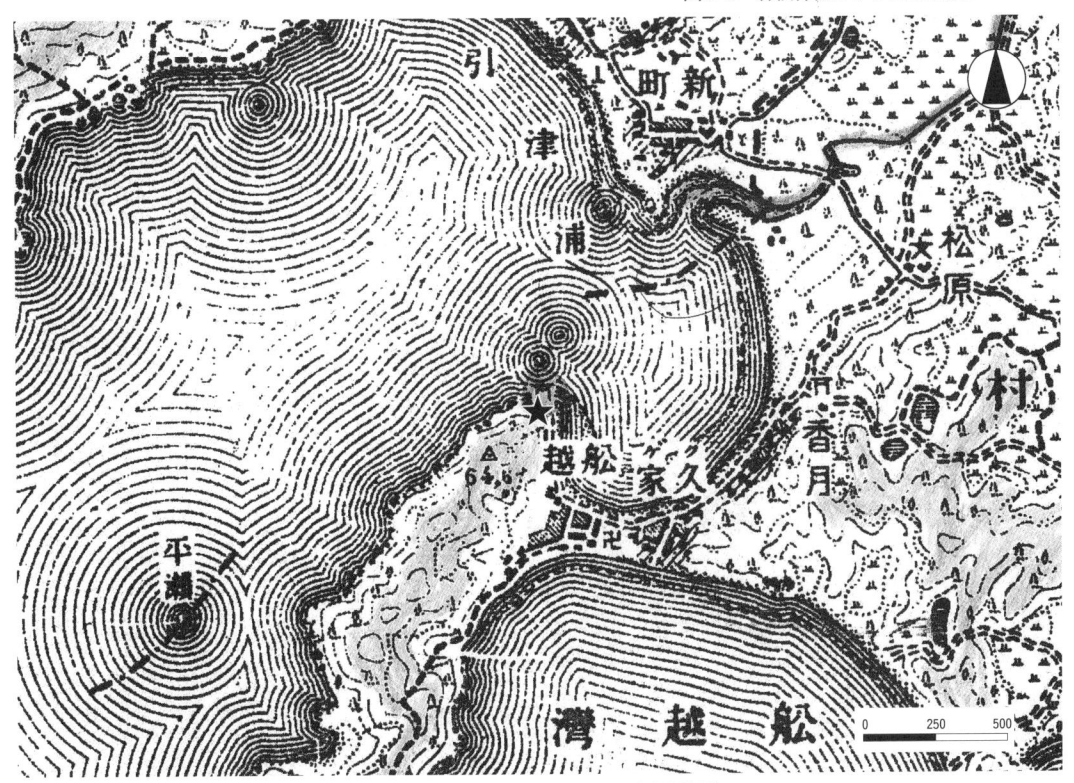

図2.50 「岬立地型」の周辺地形（綿積神社）

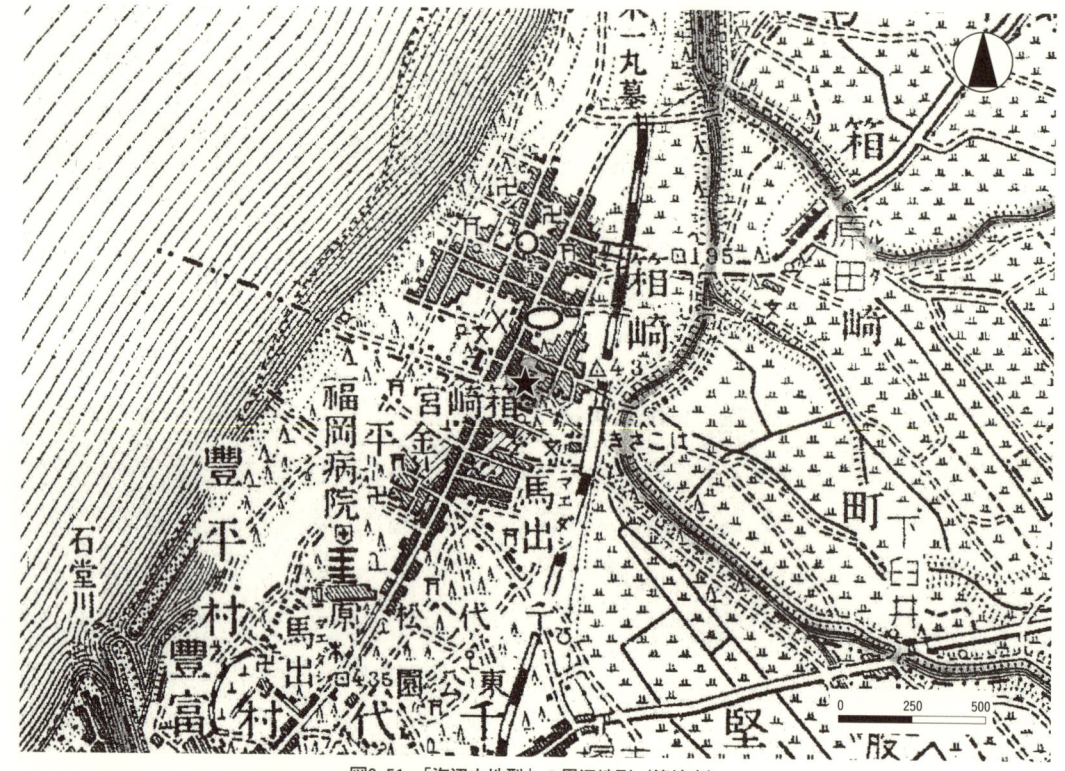

図2.51 「海辺立地型」の周辺地形（箱崎宮）

図2.52 図会に見る箱崎宮

図2.53 実景で鳥居の手前はかつて砂浜と松であった

2.6.8 「海辺立地型」（神社数 28）
(1) 立地場所と周囲3kmの地形要素
　この類型の立地場所は，「海辺」に面した「平野部」である．先の分類では，グループ7に該当していた．

　この類型の神社周辺の地形要素に着目すると，周囲3km以内に海，河口といった海に関連する項目に該当する場合である．河川に関しては，周囲200 m以内に存在する割合が他の類型と比べて大きい．

(2) 現地調査による微地形・標高の特徴
　微地形では，「平地」であり，周辺との標高差はほとんどない．

(3) 類型の特徴
　この類型の神社には，河口付近に立地するケースと海岸線付近に立地するケースの2つのケースの神社が存在する．このことからこの類型は，「海辺立地型」といえる．

　海辺に立地する事例として図2.51に福岡市東

区箱崎にある箱崎宮の周辺地形を示す．市街地の平坦な海辺に，立地している．東部には2級水系の多々良川が博多湾に注ぐ．

図会（図2.52）に見る神社では，当時は鳥居のところまで砂浜と松林それに一部小屋が立地していた（筑前名所図会）．また，博多湾の白砂青松の地として，広重の浮世絵にも取り上げられた．遠くには鹿児島本線の軌道が見え，箱崎駅が神宮駅として設置されている．図会に描かれている遠くの山並みは，神社の向きと同じ東方向にある砥石山と三郡山であろう．図2.53は，鳥居から社殿方向を見る．

現在は埋め立てられ，神社から海辺まで約700 mあり，当時と比べ拡張されているが，境内と周辺とのレベル差もなく砂浜の面影が強く残っている．

河口に立地する1つの事例として，岡湊神社を示す．その図会を図2.54に示す．遠賀川河口に立地しており，遠賀郡芦屋町の市街地内にある．境内から市街地を見る光景を図2.55に示し，周辺地形を図2.56に示す．

遠賀川は響灘に注ぎ，その海辺には芦屋の砂浜が続いている．地図上では，当時，遠賀川の河口には，隠顕岩が見られていたことが表示されているし，川幅も今とは異なり広かったことがわかる．

図会は，おおむね実景を反映している．遠賀川沿いに立地しており，その砂浜が神社の境内になっている様子が現在でもうかがえる．レベル差もなく，市街地からのアプローチもスムースである．境内には貝原益軒が詠んだとされる「岡湊十二景」の比較的新しい石碑が設置されていた．岡湊神社周辺の地形と景観の特徴が詠みこまれている．

岡湊十二景
蘆屋客船　祇園晩涼　前川洪流　山鹿城址
波懸高濤　洞山春晴　板敷皓月　遠賀松林
鶉濱長沙　北洋征帆　檣嶽積雪　大嶋漁火
正徳元年（1711）　　貝原篤信謹記

図2.54　図会に見る岡湊神社

図2.55　境内から芦屋の市街地方向を見る

2.7　各類型の地理的分布

2.7.1　福岡県の地形

立地類型毎に，福岡県の地図上にその分布状況を確かめよう．まず福岡県の地形の基本となる山地，海，半島，湾の概要を紹介しておく（表2.1，図2.57参照）．

(1) 山地

福岡県の山地は，筑紫山地，英彦山火山岩山地，水縄山地，筑肥山地の4つが存在し，筑紫山地には企救・貫山地，福智山地，金国・戸谷岳山地，三郡山地，脊振山地が含まれる．

(2) 海

福岡県が面する海は，北部には玄界灘・響灘，北東部には周防灘（瀬戸内海）で囲まれ，南部には有明海がある．日本の47都道府県の中で3面以上海にのぞむものは福岡県を含めて10道県に

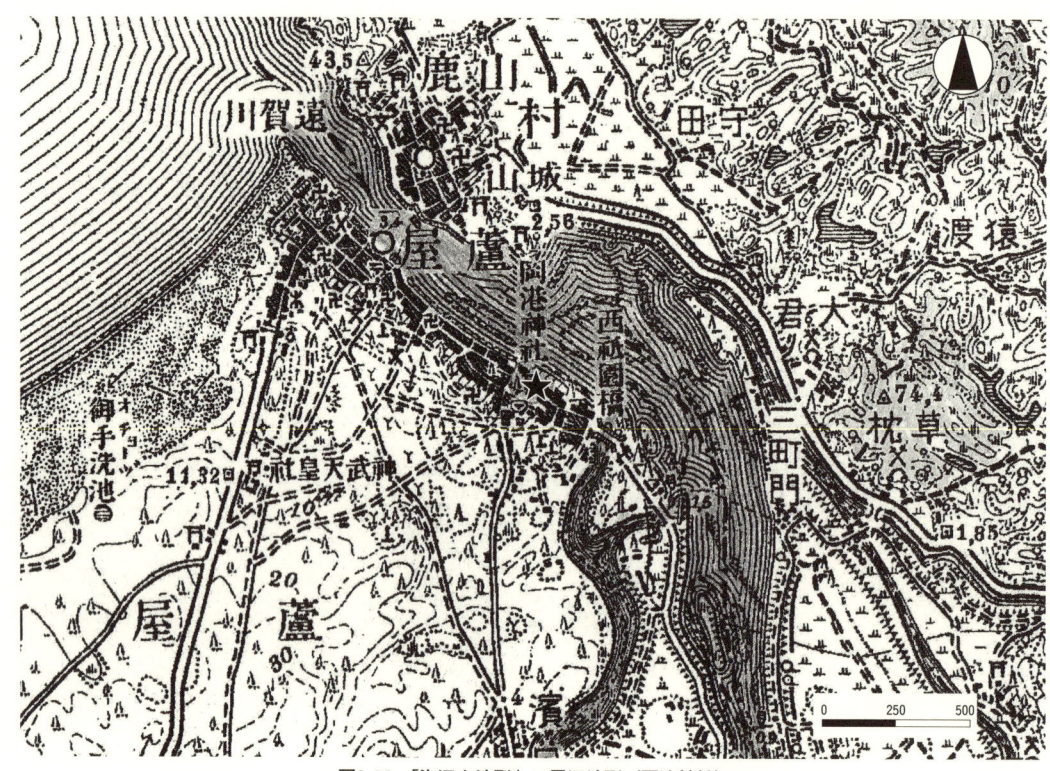

図2.56 「海辺立地型」の周辺地形（岡湊神社）

(3) 河川

福岡県の主要な河川は，筑後川と遠賀川である．

(4) 平野

福岡県の平野は，大きく筑紫平野，福岡平野，筑豊平野，豊前平野の4つに分けられる．筑豊平野には田川盆地，飯塚盆地，若宮盆地が含まれる．筑紫平野は筑後川水系と矢部川水系の流域に

表2.1 福岡県の地形（出典：福岡県の地理）

山　地			平　野		
1．筑紫山地	企救・貫山地	企救山地	1．筑紫平野	筑後平野	両筑平野
		貫山地			南筑平野（三潴・柳川平野）―黒木盆地
	福智山地	福智山地		佐賀平野	
		石峰山地		宗像平野	
	金国・戸谷岳山地		2．福岡平野	福岡平野	
	三郡山地	孔大寺山地		糸島平野	
		三郡山地	3．筑豊平野	直方平野―若宮盆地	
		古処山地		飯塚盆地	半　島
	脊振山地	脊振・雷山山地		田川盆地	1．企救半島（門司半島）
		九千部山地		小倉平野	2．若松半島
		天山山地	4．豊前平野	行橋平野	3．糸島半島
2．英彦山火山岩山地				中津平野	
3．水縄山地			海と海岸		湾
4．筑肥山地	筑肥山地		1．玄界灘・響灘――――同海岸		1．博多湾（福岡湾）
	釈迦岳火山岩山地		2．周防灘（瀬戸内海）―同海岸		2．洞海湾
			3．有明海――――――同海岸		3．加布里湾（唐津湾の一部）

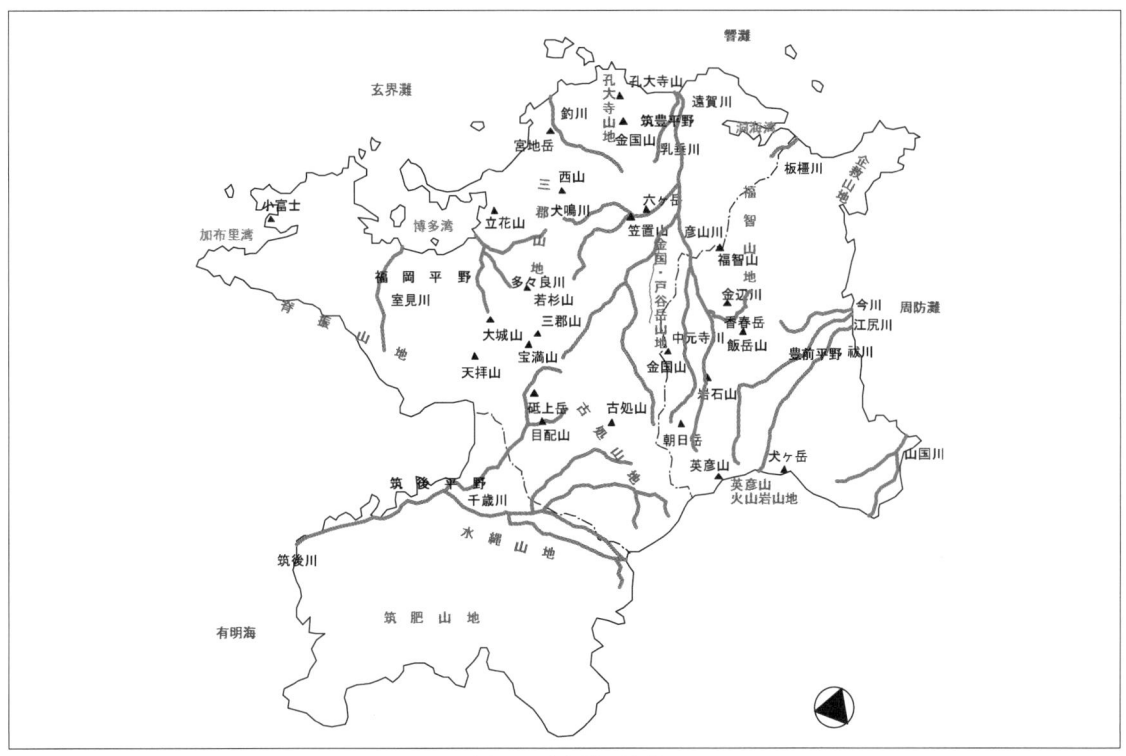

図2.57 福岡県の地形

発達し隣接の佐賀平野も含めて広大肥沃な九州最大の穀倉地帯であった.

(5) 図会に描かれた地理

次に図会に多く描かれた山と川を表2.2に示している.

図会に名称入りで多く描かれた河川は，筑前国では遠賀川9点，豊前国では祓川5点，金辺川3点，今川3点，筑後国では筑後川14点（千歳川含む）である.

山は，筑前国では，宮地岳5点，立花山4点，小富士（可也山）4点が多く描かれた．これらの標高は，それぞれ240 m，367 m，365 mと県内では比較的低い．ただ標高は低いが山容が優れた山であり，当時から入山する人が多く，この点からも描かれていた．豊前国では，英彦山4点，岩石山5点，香春山7点，福智山4点が多く描かれた．英彦山や福智山は他の国の図会にも描かれた．特に県内最高峰の英彦山(1,200 m)は，最大26.8 kmの位置から描かれ，豊前のランドマー

ク的な山として描かれていることがわかる.

筑後国では，高良山が4点の名所神社の背景に描かれている．標高は312 mと低いが，最大9.6 kmの遠い距離からこの山は描きこまれた．筑後国

表2.2 図会に多く描かれた山と川

旧国	河川名称	点数	山名称	点数
筑前国	釣川	3	宮地岳	5
	乳垂川	2	旧田原城山	4
	遠賀川	9	高取山	3
	犬鳴川	3	小富士	4
	千歳川	5	麻底良山	4
			立花山	4
豊前国	板櫃川	2	英彦山	4
	祓川	5	岩石山	5
	金辺川	3	金国山	3
	江尻川	2	香春山	7
	今川	3	福智山	4
	山国川	2		
筑後国	筑後川	9	高良山	4

は，筑後平野を中心に山地の少ない平坦の地であり，唯一この高良山が描かれた．

ここでは各類型の分布状況を説明しよう．

2.7.2 「平野立地型」

平野立地型の神社は，次の2ヵ所に分布している．

第1には，筑後平野にほとんどが集中しており，筑後平野の主要な河川である筑後川，矢部川沿いの内陸部に，位置している．筑後平野のような広大な平野に立地していることから平野立地型の特徴をよく反映した分布となっている．

第2には，筑紫平野以外にこの類型の神社が分布している唯一の地域が糸島平野である．糸島平野は，小規模な平野であるが，神社が半島部の中央に立地していることで平野立地型の特徴を反映している．

2.7.3 「盆地内平地立地型」

この類型の神社は，概ね次の4ヵ所に分布している．

第1には，福智山地と金国・戸谷岳山地の山々に囲まれた添田町周辺の盆地である．周囲を取り囲む代表的な山は，飯岳山（573 m），朝日岳（613 m），遠方に英彦山，福智山（900.6 m）であり，南北に標高が高い山を配す．この地域は，盆地内を流れる遠賀川の源流である英彦山川によって空間が北西の方角に方向付けられている．

第2には，古処山地と金国・戸谷岳山地の山々に囲まれた嘉穂町の盆地の平地である．周囲を取り囲む代表的な山は，金国山（421.6 m），若杉山（681 m），古処山（859.5 m）があり，南から西にかけて標高が高い山を配す．この地域は，盆地内を流れる遠賀川によって空間が北西の方角に方向付けられる．

第3には，三郡山地，孔大寺山地，金国・戸谷岳山地の山々に囲まれた若宮町周辺の盆地である．周囲を取り囲む代表的な山は，西山（644.6 m），笠置山（425.1 m），六ヶ岳（338.9 m）であり，周囲を取り囲む山の標高は比較的低い．この地域は，盆地内を流れる犬鳴川によって空間が東の方角に方向付けられる．

第4には，三郡山地の山々に囲まれた太宰府市周辺の狭い盆地である．周囲を取り囲む代表的な山は若杉山，宝満山（869 m），三郡山（937 m），大城山（410 m），天拝山（257.6 m）であり，東に標高の高い山が配されている．この地域は，三郡山地を源とする河川によって西の方角に方向付けられる．

2.7.4 「盆地内小山立地型」

この類型の神社は，概ね次の2ヵ所に分布している．

第1には，福智山山地と金国・戸谷岳山地の山々に囲まれた田川市周辺の盆地に集中している．市街地付近に多く分布している．周囲を取り囲む代表的な山は飯岳山，金国山，香春岳三岳（511 m），福智山，遠方に英彦山であり，南北に標高の高い山を配す．この地域は盆地内を流れる遠賀川の支流である彦山川によって空間が北西の方角に方向付けられる．

第2には，福智山地と金国・戸谷岳山地の山々に囲まれた直方市の平地である．周囲を取り囲む代表的な山は飯岳山，金国山，福智山であり，東に標高の高い山を配す．この地域は，盆地内を流れる遠賀川によって空間が北西の方角に方向付けられる．

2.7.5 「山頂立地型」

この類型の神社は，次の2ヵ所に分布している．

第1には，福岡県の最高峰である英彦山の裾の尾の山頂である．県内最大の山岳地帯に分布しているため，周囲には他の山頂が多数存在している．周囲の代表的な山は，犬ヶ岳（1,131 m）である．

第2には，三郡山地に含まれる山頂である．周囲には宝満山等の代表的な山が存在する．西の方角に福岡平野を望み，平野に隣接することがこの地域の特徴である．

2.7.6 「海辺山麓立地型」

この類型の神社は，概ね次の2ヵ所に分布している．

第1には，福智山地と英彦山火山岩山地の山々

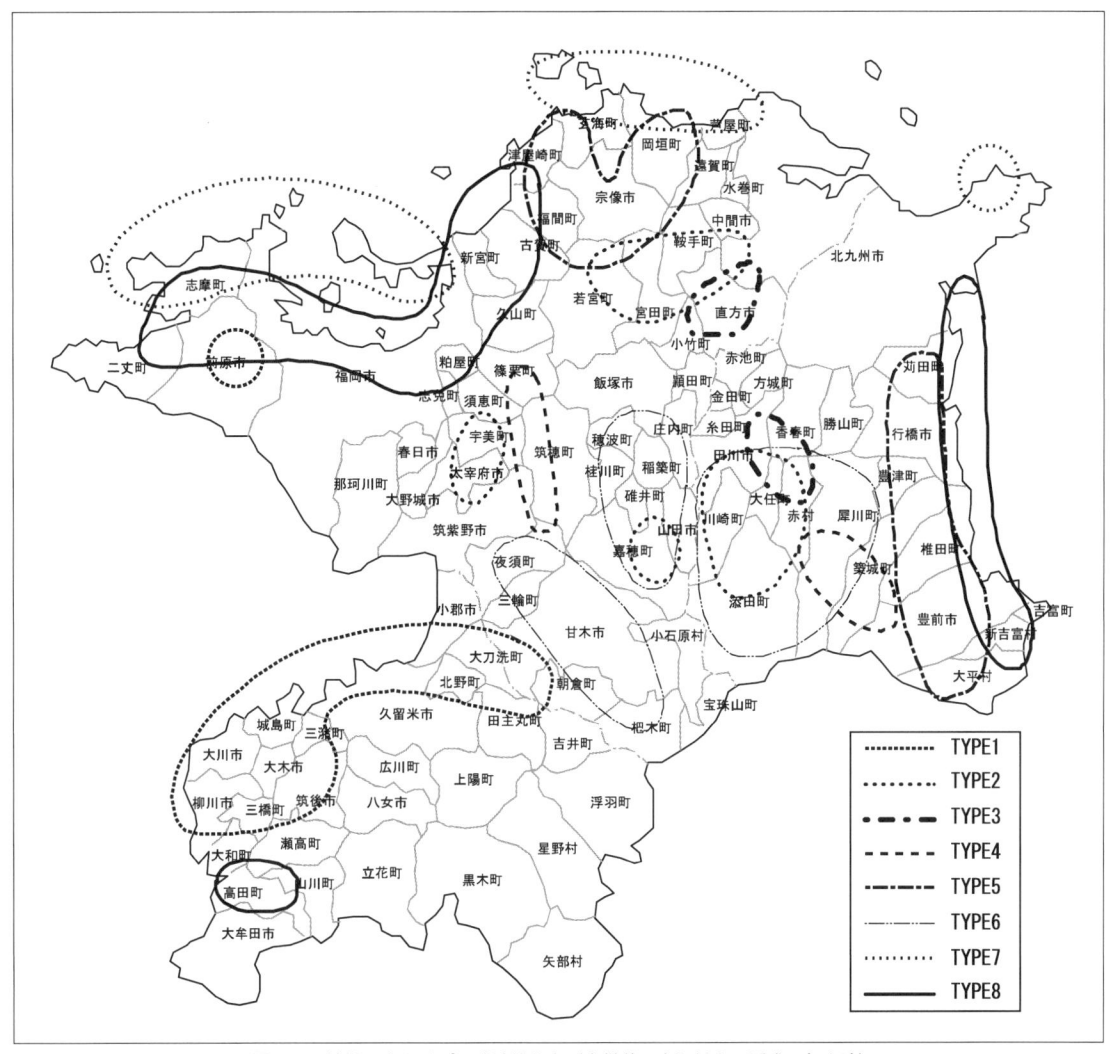

図2.58 神社の各タイプの地域的分布（合併前の市町村名，平成7年当時）

の麓の谷，周防灘沿岸山麓である．この地域は，西に山，東に周防灘を配す．空間は東の方角に広がる．この類型の神社が最も多く分布する地域である．

　第2には，玄界灘沿岸の宗像市周辺の山麓である．麓に神社が立地する代表的な山は，孔大寺山（499m），宮地岳（240m）である．この地域は，西から北にかけて空間が開ける．

2.7.7 「山辺立地型」

　この類型の神社は，概ね次の3ヵ所に分布している．

　第1には，英彦山火山岩山地，金国・戸谷岳山地，福智山地に囲まれた添田町周辺の山麓である．麓に神社が立地している山は，英彦山，岩石山（440m），金国山である．この山の東，南，西の麓に分布しているのである．前面には彦山川，中元寺川の河川が流れる．

　第2には，金国・戸谷岳山地と古処山地に囲まれた嘉穂町周辺の山の麓である．麓に神社が立地している代表的な山は金国山である．この山の東の麓に立地しているのである．前面には，遠賀川が流れ方向性を与える．

　第3には，甘木市周辺であり，古処山地と水縄山地にはさまれた平野の山の麓，南麓である．麓

に神社が立地している代表的な山は砥上岳（497 m），目配山（405 m）である．距離はあるが前には筑後川が流れる．

2.7.8 「岬立地型」

この類型の神社は，概ね次の3ヵ所に分布している．

第1には，福岡市周辺であり，福岡湾を囲む糸島半島，志賀島である．この玄界灘に面する地域の海辺の岬に，立地しているのである．

第2には，玄海町の周辺の響灘に面した岬である．この付近に存在する島は，大島，地島などがある．背後に孔大寺山地が存在する．

第3には，北九州市門司区の本州との境である関門海峡である．関門海峡を挟んで対岸には本州を望むことができる地域である．背後には和布刈山を配す．

2.7.9 「海辺立地型」

この類型の神社は，概ね次の3ヵ所に分布している．

第1には，豊前平野の海岸線に沿って最も多い．遠方に福智山地，英彦山火山岩山地を配し，前面に周防灘を配す．日本海側の海岸と比べ海岸線が複雑ではない．今川，山川の河口付近の海辺に多く分布している．

第2には，福岡平野の海岸線に沿って分布しており，前面に湾を配す．室見川，多々良川，遠賀川の河口付近に，多く分布している．

第3には，高田町周辺である．筑紫平野の主要な水系である矢部川の河口付近の海辺に立地している．

2.7.10 各類型の分布の関連性

ここでは前節で説明を行った各類型の分布の福岡県全体の中での相互の位置関係を，述べる．図2.58に示す．

「平野立地型」は，筑後国で独立した形で分布している．「盆地内平地立地型」は，「山辺立地型」に囲まれている場合がある．あるいは「山頂立地型」に隣接して分布している場合もある．

「盆地内小山立地型」は，他の盆地に立地する「盆地内平地立地型」に隣接して分布している．

また他の盆地に立地するタイプよりも市街地部に近く分布していることも特徴である．

「山頂立地型」に隣接して，「山辺立地型」が分布している．

「海辺山麓立地型」に隣接して「岬立地型」，「海辺立地型」の海岸線付近に立地するタイプが隣接している．「山辺立地型」に隣接して「山頂立地型」が存在する．盆地の周囲を取り囲む山の1つに「山頂立地型の神社」が立地する山が含まれると考えられる．

「岬立地型」は，「海辺立地型」と隣接している．「海辺立地型」に隣接して「海辺山麓立地型」が付随する．特に豊前の周防灘沿岸で顕著である．

2.8 まとめ

名所図録図会に描かれて名所と称されている神社の立地は，平野立地型，盆地内平地立地型，盆地内小山立地型，山頂立地型，海辺山麓立地型，山辺立地型，岬立地型，海辺立地型の8つの立地類型に分類できた．

以上の名所類型は，海辺から山頂までの地形に応じて，位置づけられる．

すなわち，海辺では，「海辺立地型」か「岬立地型」であり，平野部に入ると「平野立地型」，あるいは海辺に近い「海辺山麓立地型」，そして盆地に入ると，「盆地内平地立地型」，「盆地内小山立地型」，「山辺立地型」，の3類型となり，山頂に至ると，「山頂立地型」となる．地形に応じて名所の立地タイプがあることが理解できるのである．このように名所は，福岡県下の地形に対応して存在していることがわかった．

参考文献

1) 下村彦一編：福岡県の地理，光文館，1960
2) 瓜生二成編：新福岡県の地理，光文館，1974

第3章

名所神社の眺望特性

3.1 はじめに

　第2章で見たように，名所とされる神社は，山頂や岬，海辺あるいは盆地など起伏のある地形に立地しており，それらは8つの立地類型に分類されることがわかった．それらの神社は，多様な地形の中で，周辺地形への見え方は，どのようになっているのであろうか．前章でも，現地調査の結果を一部盛り込みながら見え方について若干触れてきた．

　図3.1には，やや小高い丘の上に立地している神社から下方を眺望し，海辺が望める神社の事例を示している．図3.2に境内が森に囲まれて眺望がきかない神社の事例を示している．

　以上の2つの例でも分かるように，境内には樹齢50年以上の樹木が茂り，周辺を見通すことはなかなか難しいようだ．ただ方位によっては周辺を望むことはでき，景観の視点場として重要な価値をもっている神社も少なくない．図3.3には，茂った樹木の間から眺望がきく神社の事例を示している．

　本章では，神社のこのような眺望特性を把握することにする．神社の境内からどの程度周辺に眺望がきくのか，どの方位に開けているのかを調べ，名所とされる神社の眺望のための視点場特性を把握する．

　そのために，現在の眺望の特徴を，まず第1には，現地調査で神社の境内が開放されている方位を把握したい．

　第2には，50m間隔の前後左右の標高の値を調べて，神社とその周辺の広がりの地形を3次元

図3.1　眺望がきく神社の例

図3.2　眺望がきかない神社の例

図3.3 遠くまで眺望がきく神社の例

コンピュータ・グラフィックスで立体的に再現し，この神社から周辺への地域の眺望はいかなるものかを推定するのである．

以上のように，名所神社の眺望特性を把握し，当時の神社の視点場の特性を推定することにする．

3.2 現地調査による眺望方位・方位角の把握

ここではまず，現地で観察調査した「本殿」の方位・向きについて述べよう．

ついで，「境内」を含めて神社周りがよく周辺を見回すことができるか，開放されているか，眺望がきいているか，を調べている．

その際，方位数の計測の場合は，22.5度未満の少しだけ見える可視方位もあり，それを含めて可視の数として集計している．ただ角度の場合には，それを含めず22.5度以上の角度がある場合のみを集計している．

さらに，方位数の計測の場合は，境内だけではなく，参道を含めた計測としている．全体的に見晴らしが良い結果（平均値として180度以上開けている）となるはずであるが，果たしてどうか．実は，境内に限定すると，境内内が樹木に囲まれていることもあって，逆にほとんど開けていない状況であり，そこで開放度の1つの目安としている．

煩雑ではあるが，以下に調査の結果を述べよう．

3.2.1 本殿の方位は南方向

まず神社の本殿はどの方位を向いているか調べ

てみよう．

全神社の本殿の方位をみると（図3.4），「南」が26社（18.4％）で最も多く，次いで「南南西」が22社（15.6％），「西」が18社（12.8％），「東」が16社（11.3％）の順となっている．当然ながら太陽の方向に本殿正面を向けている場合が多いことがわかる．ただ注目すべき点は，東，南，西とはっきりした方向に本殿が向けられていることである．きわめて意図的に本殿の向きが設定されていることがわかるのである．

第2章で見た立地の類型別に調べてみたらどうであろうか（図3.5）．

8つの立地類型別にみると，「平野立地型」では「西北西」（25.0％），「盆地内平地立地型」では「西」（22.2％），「盆地内小山立地型」では「南」（37.5％），「山頂立地型」では「東」（33.3％），「海辺山麓立地型」では「南」「南南西」「西」（14.3％），「山辺立地型」では「南」（20.0％），「岬立地型」では「南」（23.1％），「海辺立地型」では「南南西」（32.1％）の占める割合が高くなっている．ややばらつきが見られるものの，全体としては，どの類型も「南」方向が多く，ついで「西」または「東」が多いことが分かる．

3.2.2 境内の眺望可能な方位は南西方向

次に，神社の境内に空間を広げてみて，そこから周囲に対して開けて，眺望可能になっているかどうか，開けている方位を調べてみよう．

眺望可能方位別神社の構成比をみる．図3.6は，眺望方位別に全神社数の構成比をレーダーチャートで示したものである．この指標は，名所神社の境内が，どの方位に眺望上，開けているかを示したものである．

全体の平均眺望方位数は10.3方位となっている．全体で眺望が得られる方位別の構成比をみると，「南西」が62.4％で多く，次いで「南」が61.7％，「東南東」が61.0％の順となっている．

立地類型別に平均眺望方位数をみよう．図3.7に立地類型別に眺望可能方位数を示している．「盆地内小山立地型」は，最も広く開放されてお

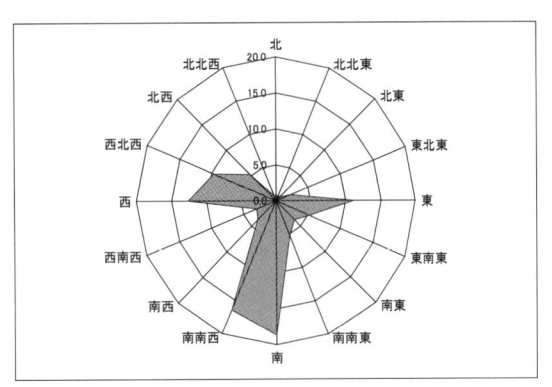

図3.4 本殿方位レーダー

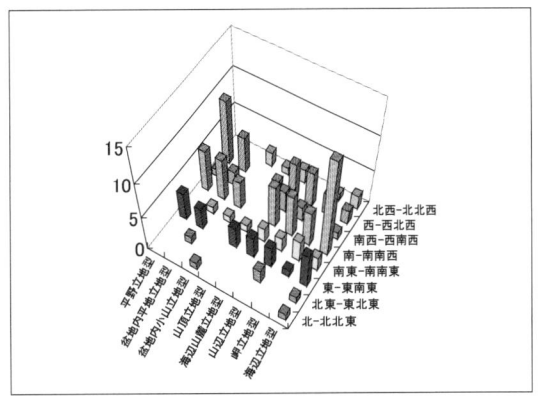

図3.5 立地類型別の本殿方位別神社数

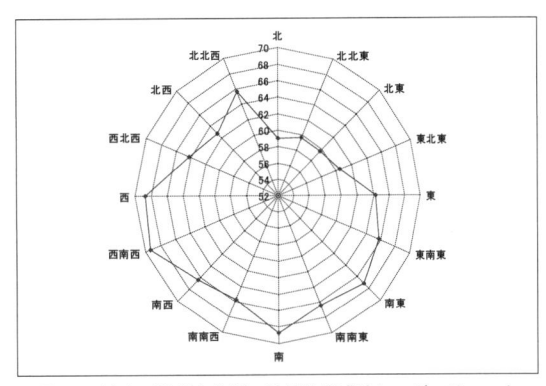

図3.6 境内の眺望方位別の神社数構成比レーダーチャート

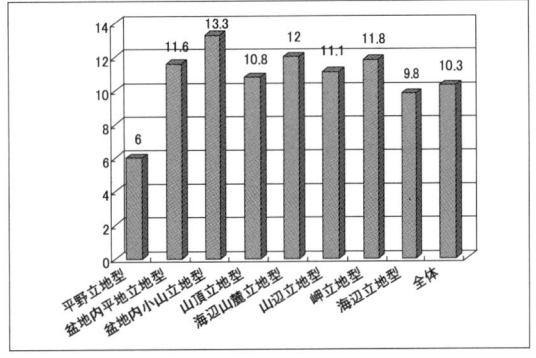

図3.7 類型別にみた境内の眺望方位可能数

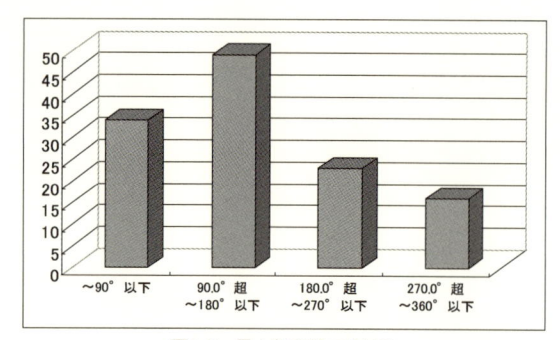

図3.8 最大角度別の神社数

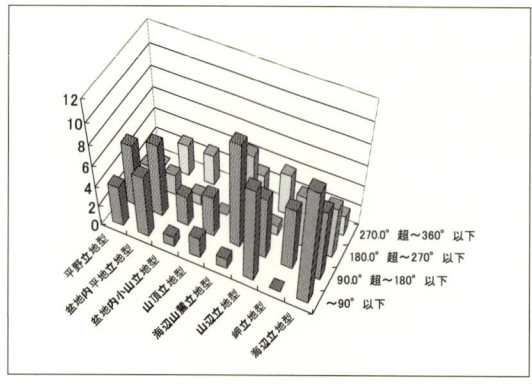

図3.9 類型別最大角度

り13.3方位，次に「海辺山麓立地型」が12.0方位となっている．比較的狭い眺望しか得られない10.0方位未満のグループは，「海辺立地型」と「平野立地型」の2グループである．当然ながら平野部では，遠くへの眺望はききにくいことから，「海辺立地型」「平野立地型」は，他のグループに比べると眺望が得られにくいことが調査結果からもわかる．

眺望方位別神社数構成比をみてみると，全体では各方位とも55.5-70.0％の値を示し，方位による偏りはない．しかしながら，「東南東～南～西」の8方位は全て65.0％を超え，逆に「西北西～北～東」の8方位は，「北北西」を除き，65.0％未満となっている．北方向よりも，南方向に眺望が得られる傾向にある．

3.2.3 本殿方位と眺望方位の関連

本殿の方向（図3.4）と境内の眺望方向（図3.6）との関連を調べてみよう．

本殿方向はおおむね「南」「南南西」「西」で

あったが，境内の眺望方向も「南」から「西」の方向に開けている．これらは，本殿方位の方向に参道が伸び，その方向に開いている神社が多いことと，本殿が山を背にして南面するように建てられている神社が多いためである．

3.2.4 眺望の広がり角度の特徴

眺望の左右への広がり角度とは，方位を16分割した22.5度を最小単位とする左右に眺望可能な角度である．

神社毎に眺望角度の最大値を取り上げ，90.0度ごとにランク分けした場合のランク毎の神社数をみると（図3.8），「90.0度超-180.0度以下」がもっとも多く49社（36.6％）で，次いで「90.0度以下」の34社（25.4％），となっている．多くの神社では，90.0度を超える眺望が得られることが明らかになった．

さらに8つの類型別に，眺望の左右の広がり角度をみる（図3.9）．

「盆地内平地立地型」，「山辺立地型」，「海辺立地型」は，「90.0度以下」の占める割合が高く，相対的に眺望角が狭いことが特徴となっている．また，「山頂立地型」も180.0度以下の場合が多く，山頂に立地しているからといって全方向に開けているわけではなく，1方向に眺望が開けていることを示唆している．

逆に，「海辺山麓立地型」と「岬立地型」は，「180.0度超-270.0度以下」の示す割合が高く，相対的に眺望の左右の広がり角が，広い傾向にある．

3.2.5 まとめ

以上のことから以下のことがわかる．

本殿の方位は，南方向，太陽の方向に本殿正面を向けている神社が多い．

境内の眺望方位は，全体的に本殿の方位と一致して眺望が開ける傾向にある．この1つの要因としては，本殿の軸方位の方向に，参道が伸び，その方向が開いている神社が多いこと，一方で本殿が山を背にして建てられている神社が多いことによる．

類型別にみると「海辺立地型」「平野立地型」

は，平均眺望方位数が他の類型と比較して低く，起伏が少なく眺望が得られにくいことがわかった．

眺望の広がり角度の集計から，多くの名所神社は90.0度を超える眺望が得られる．類型別にみると「盆地内平地立地型」「山辺立地型」「海辺立地型」は眺望角が狭く，逆に「海辺山麓立地型」「岬立地型」は眺望角が広いことがわかった．

3.3 可視領域図の作成

次に，名所の所在地を視点場とみなし，その位置を現地調査で確認した．その後に，緯度経度を調べて位置を確定し，標高データによって3次元CGで神社周辺地形を立体的に再現した．そして，神社から見ることができる可視領域を算定して，3 kmまでの可視領域パターン図を作成している．

使用した標高データは，国土地理院から市販されている「数値地図50 m（標高）」である．このデータは，50 mメッシュの間隔で全ての標高が記述されており，広域的な地形を適度にシミュレートできる．本書では，名所とされた神社の座標を確定し，その後その周辺5 km範囲を3次元CGで再現している．

3.4 3次元CGによる眺望のタイプ

明治期と現代では，地形の変貌も大きいと考えられる．現代の標高で地形を再現したとしても全面的には，その復元パターンを当時のものとは判断できない．ただ名所は，神社の保全状況も比較的良好であり，当時の地形と比べて変化が少なく，さらに多くの神社が都市部よりも農村部に残っていることから，この可視領域パターンを考慮に入れて，眺望の類型化を行った．

また前節で述べたように，現地調査によると，境内や神社周りは樹木などで覆われ，周囲の見通しがきかないケースもある．従って，地形の標高データであるから，樹木はもちろん，建物なども考慮されてはいないので，いわばその名所が立地しているその地点がもつ，潜在的なマクロ的景観・眺望の特性を示すものとなっている．

以上を前提にして，神社ごとに可視領域パターンを再現し，それらを分類したので，その結果について述べる．

用いた調査項目は，視点場の標高，距離別可視領域割合，可視領域における山頂数，水平見通し領域割合等である．

その結果，名所とされる神社の可視領域にみるマクロ的景観は，結局は，以下の5つのタイプに類型化された．典型事例を示しそのタイプの特徴を述べる．

3.4.1 閉鎖眺望型

このタイプの景観の特徴は，周囲を山々が連なって取り巻いているために，可視領域がその取り囲まれた空間内に閉じられることである．遠距離に標高の高い山が存在する場合は，この山を望むことができる場合もある（図3.10　氏森神社）．

3.4.2 2方向眺望型

このタイプの景観は，視点場の神社から谷筋に沿って2方向の可視領域を示す，つまり標高が高くなる山の方向と，低くなる平野部の2方向に可視領域をもつ．

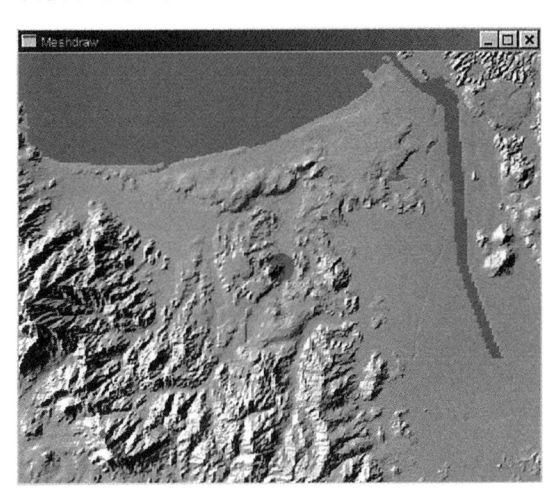

図3.10　氏森神社

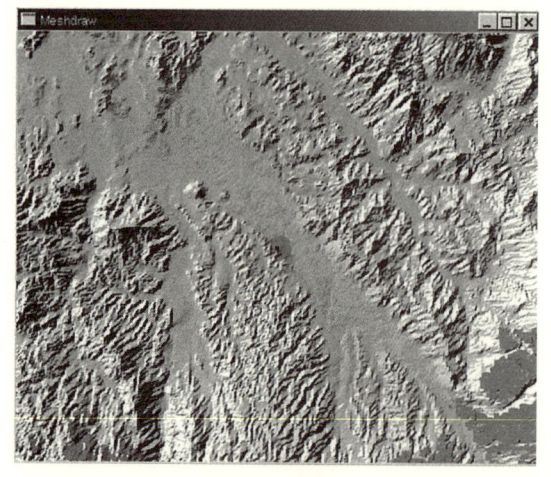

周囲に存在する平地の占める割合に比例して可視領域が大きくなる．長く伸びる平地と可視領域を制限する連なった山々の尾根を望むことができるタイプである（図3.11　天神社）．

3.4.3　山・平野俯瞰型

このタイプの景観は，周辺の山々と平野を広く展望する．視点場の標高が高く平地を俯瞰するタイプである．360度展望できるケースと周囲の山によって1方向に展望するケースがある（図3.12　大根地神社）．

3.4.4　海方向眺望型

このタイプの景観は，海を広く展望する可視領域をもつ場合である．背後の山によって陸地への眺望をさえぎられるケースや海と平地を広く展望するケースとが存在する（図3.13　名島神社）．

3.4.5　平野眺望型

このタイプの景観は平野を広く展望する．周囲に山が存在せず360度展望できることが特徴である（図3.14　北野天満宮）．

3.5　眺望のタイプと立地類型との関連

ここでは第2章で調べた8つの立地類型と，先にみた5つの眺望タイプとの関係を見てゆくことにしよう．

立地類型毎に眺望タイプを調べ，その構成比よ

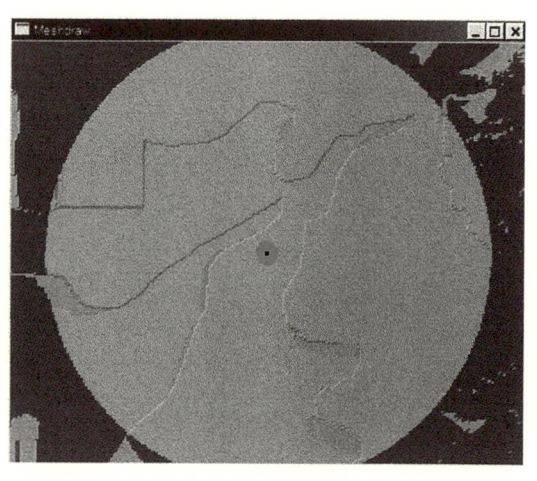

図3.11　天神社

図3.12　大根地神社

図3.13　名島神社

図3.14　北野天満宮

り各類型の特徴を示した（図3.15）．

全体的な特徴としては，ある同じ眺望タイプは複数の立地類型を含んでいることがわかる．以下にその組み合わせを示そう．

閉鎖眺望型は，立地類型では，おおむね「盆地内平地立地型」が該当する．

2方向眺望型は，立地類型では「盆地内平地立地型」，「盆地内小山立地型」，「山辺立地型」の3つが該当する．

山・平野俯瞰型は，立地類型では「山頂立地型」が主に該当している．

海方向眺望型は，立地類型では「海辺山麓立地型」，「岬立地型」，「海辺立地型」の3つが該当している．

平野眺望型は，「平野立地型」，「海辺立地型」の2つが主に該当している．

これらの重複した眺望タイプについては，次項の立地類型別に調べてみよう．

3.5.1 「平野立地型」
(1) 眺望タイプ

この立地類型の眺望タイプは，全て「平野眺望型」である．

(2) 可視領域図に見る特徴

可視領域分布を見ると，神社を中心として360度広範囲で平地が広がり見渡すことのできるケースで，全タイプの中では，最も平地の可視領域が広いタイプである．

ただ，平地であることから，CGによる計算上では見渡すことができるが，実際には全方向に視野がひろがっているわけではない（図3.16　三柱神社，図3.14　北野天満宮）．

3.5.2 「盆地内平地立地型」
(1) 眺望タイプ

この立地類型に該当する神社の眺望は，「2方向眺望型」が最も多く，次いで「閉鎖眺望型」である．

(2) 可視領域図に見る特徴

可視領域分布を見ると，平地に立地しているため神社が立地している付近は360度見通せるが，遠方にある山によって可視領域が制限され，閉ざ

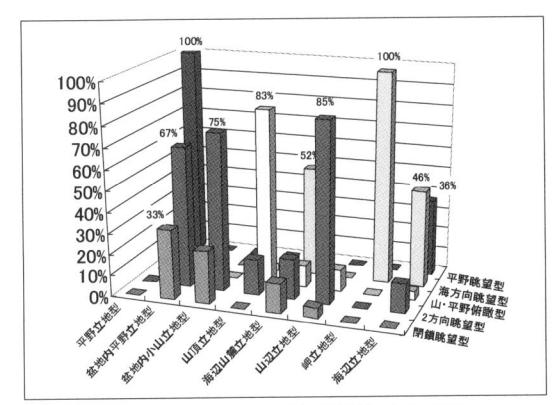

図3.15　各立地タイプ別の景観タイプの集計

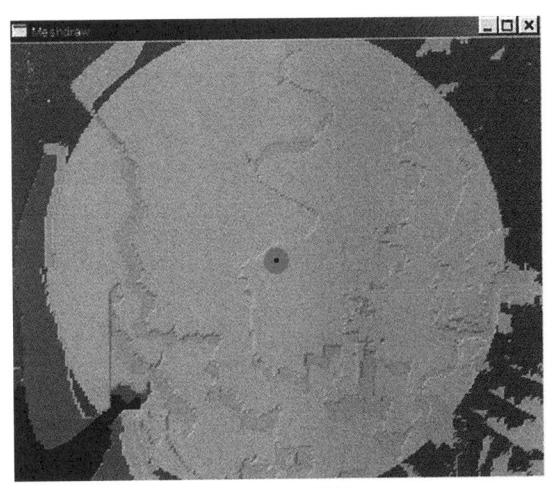

図3.16　三柱神社

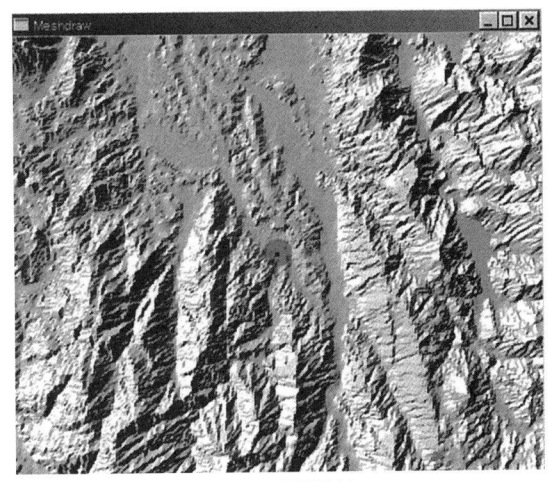

図3.17　諏訪神社

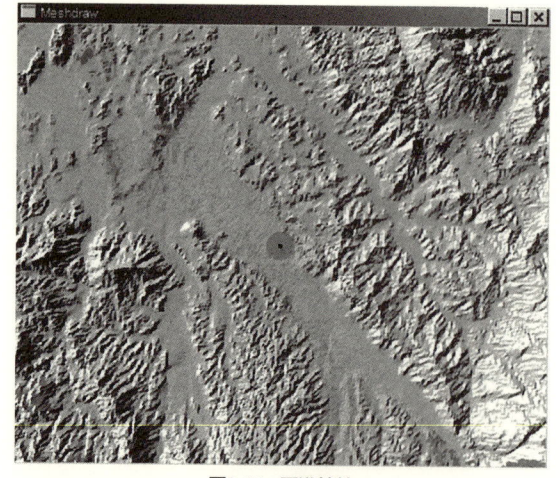

図3.18　天満神社

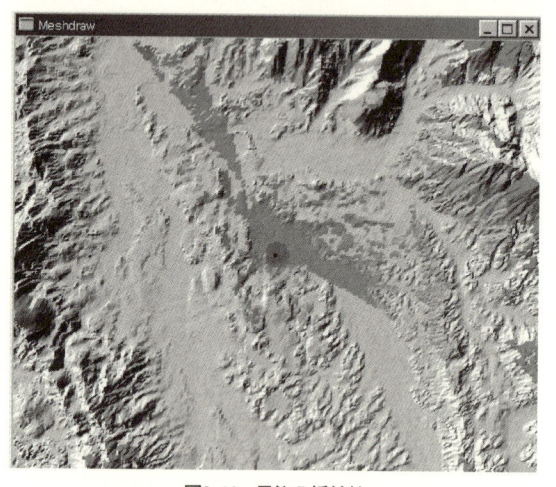

図3.19　風治八幡神社

図3.20　鏡山神社

される閉鎖的なタイプと，2方向に可視領域が広がるタイプが存在する．

また盆地の広がりとその規模に比例して，可視領域の範囲が異なると共に，周囲の山の標高が低い場合は遠方の山頂を望むことが可能である．つまり，山の連なりによって制限された平地と山で構成される景観を得ることができる（図3.17 諏訪神社，図3.18　天満神社）．

3.5.3 「盆地内小山立地型」
(1) 眺望タイプ

この立地類型の眺望タイプは，おおむね「2方向眺望型」が該当する．

(2) 可視領域図に見る特徴

可視領域分布を見ると，この類型は「盆地内平地立地型」と異なり神社の立地している周辺を360度見通せるケースと見通すことができないケースが存在する．神社が立地している小山や丘が遮蔽物となり，見通すことが不可能な場合が存在するためである．

遠方への見通しは，手前の山によって2方向に分かれて可視領域が広がっていく．一方では「盆地内平地立地型」と比べて遠方の山を可視領域に含む場合が多い（図3.19　風治八幡神社，図3.20　鏡山神社）．

3.5.4 「山頂立地型」
(1) 眺望タイプ

この立地類型の眺望タイプは，おおむね「山・平野俯瞰型」であるといえる．

(2) 可視領域図に見る特徴

可視領域分布を見ると，山頂付近に立地しているため可視領域は左右に広く遠方まで広がる．しかし神社が山頂よりも若干下方に立地しているため，山頂が障害となり周囲360度を見渡すことは不可能であるが，視野は広い．

全体を見ると，この立地類型の景観の特徴としては，周囲の山や平野を俯瞰できるところに最大の特徴がある（図3.21　国玉神社，図3.22　太祖神社）．

図3.21　国玉神社

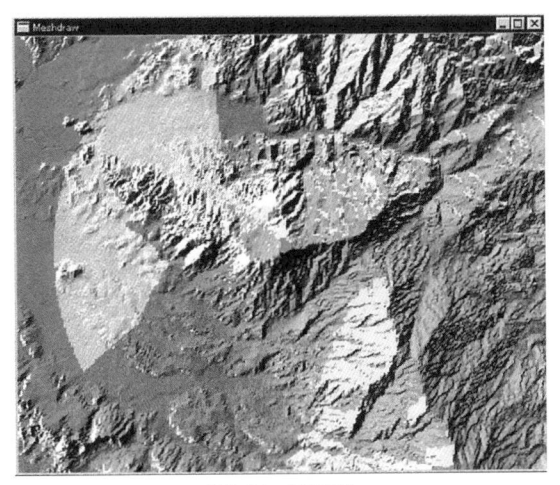

図3.22　太祖神社

3.5.5　「海辺山麓立地型」
(1)　眺望タイプ

　この立地類型の眺望タイプは「海方向眺望型」が52％と最も多く，次いで「2方向眺望型」と多くなっている．

(2)　可視領域図に見る特徴

　可視領域分布を見ると，神社の背後の山や山並みを仰ぎ前方の平地その奥に続く海を展望するケースと，海辺の細い谷底の丘陵地に立地し，谷の奥と前方の海の2方向を展望するケースが存在する．この2つのケースに共通することは，可視領域が海へ広がり，変化にとんだ視対象を含む．

　また山の麓に立地していることで，周囲よりも標高が高く，この立地類型の景観の特徴は，背後の山並みを仰ぎ平地と海を俯瞰できることである（図3.23　宮地嶽神社，図3.24　正八幡神社）．

3.5.6　「山辺立地型」
(1)　眺望タイプ

　この立地類型の眺望タイプは，「2方向眺望型」が最も多く，次いで「山・平野俯瞰型」である．

(2)　可視領域図に見る特徴

　可視領域分布を見ると，背後に山を仰ぎ前面の平地の奥に連なる山並みによって2方向に可視領域が広がることが特徴といえる．対面する山並みまでの距離は長く，可視領域が広いケースと，対面する山並みまでの距離が短く可視領域が狭い

図3.23　宮地嶽神社

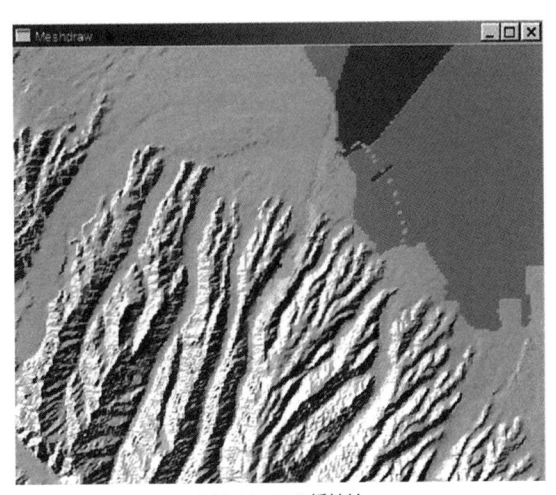

図3.24　正八幡神社

図3.25　下益神社

図3.26　高木神社

図3.27　織幡神社

ケースが存在する.「盆地内平地立地型」や「盆地内小山立地型」の2方向展望の景観と異なり,背後の山によって神社が立地する付近を360度見通すことができない.

　この類型の神社からは背後の山や山並みを仰ぎ,前方の平地を俯瞰することが可能である.平地の先に連なる山並みによって可視領域は,北西方向と南東方向の2方向に広がる（図3.25　下益神社,図3.26　高木神社）.

3.5.7 「岬立地型」
(1) 眺望タイプ

　この立地類型の景観タイプは,全て「海方向眺望型」である.

(2) 可視領域図に見る特徴

　可視領域分布を見ると,この立地類型の景観の特徴は海を広く見通すことである.また島々,対岸の山々を海越しに望むことができる.また海を展望し背後の山を仰ぐケースと海,平地と山を展望するケースが存在する.岬近くには山が存在している場合が多く,360度広範囲に見渡すことは不可能である.

　この立地類型の神社からは,海を中心に平地,山並みを見渡すことは可能である.海越しに島々や平地,山並み等も見渡すケースが多い（図3.27　織幡神社）.

3.5.8 「海辺立地型」
(1) 眺望タイプ

　この立地類型の眺望タイプは,「海方向眺望型」が最も多く,次いで「平野眺望型」であり,2つの眺望タイプに分かれる.

(2) 可視領域図に見る特徴

　可視領域分布を見ると,この立地類型の景観の特徴は神社が立地する場所から360度平野を展望することが可能であること,可視領域内に海が含まれていること,また遠方に山を望むことである.岬立地型と比べ周囲に山が存在せず,周囲360度を見通すことができることも特徴である.ただ視点の位置は相対的に低く,眺望の範囲は限定されよう（図3.28　箱崎宮,図3.29　岡湊神社）.

3.6 まとめ

(1) 神社の本殿の方位との関連，境内の眺望との関連から，神社の眺望は，南方向，南から西の方位によく眺望がきいていることがわかった．

(2) 3次元CGにより，地形を再現して眺望を調べてみると，やはり南方向に眺望が開けていることがわかった．

(3) 眺望タイプでは，5タイプが見出された．それらのタイプは地形グループと相互に関連していることがわかった．

つまり閉鎖眺望型，2方向眺望型，山・平野俯瞰型，海方向眺望型，平野眺望型の5つの眺望タイプである．

(4) これらは，第2章で明らかにした立地類型ときわめて密接な関連をもっている．

「閉鎖眺望型」は，立地類型では，「盆地内平地立地型」が該当する．

「2方向眺望型」は，立地類型では「盆地内平地立地型」，「盆地内小山立地型」，「山辺立地型」の3つが該当する．

「海方向眺望型」は，立地類型では「海辺山麓立地型」，「岬立地型」，「海辺立地型」の3つが該当している．

「平野眺望型」は，「平野立地型」，「海辺立地型」の2つが主に該当している．

「山・平野俯瞰型」は，「山頂立地型」が該当している．

(5) 立地類型から見ると，神社を視点場として名所とされた類型は，広い視野をもち遠くまで見通せる山頂立地型，変化に富んだ視対象を可視領域に含む岬立地型，海辺山麓立地型であり，閉鎖型眺望では，盆地内に立地している盆地内小山立地型，山辺立地型が該当していると考えている．

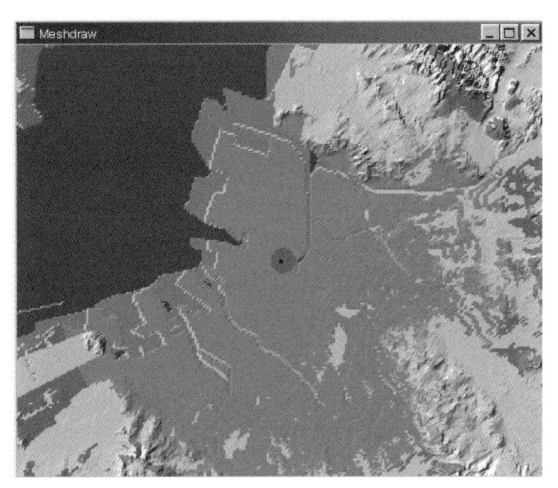

図3.28 箱崎宮

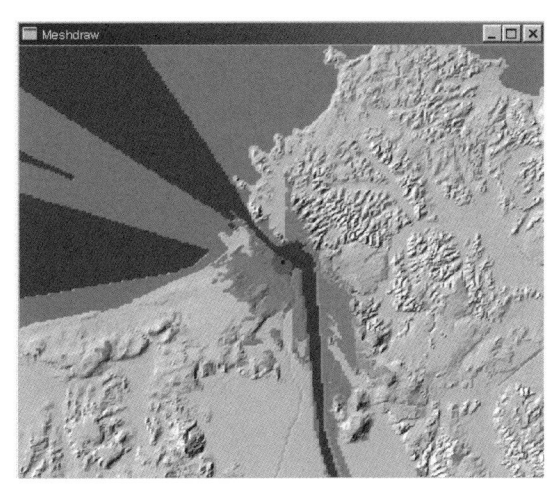

図3.29 岡湊神社

参考文献

1) 有馬隆文，佐藤誠治，萩島哲，坂井猛，趙世晨，小林祐司：3次元CGを用いた景観特性の計量化とそのシステム開発に関する研究，日本建築学会計画系論文集，523，1999

第4章
景観と地形に絞って由緒・縁起を読む

4.1 はじめに

前章までに図会に描かれた名所神社の立地や眺望を取り上げて，名所の地形的特徴を把握してきた．

一般に名所は，歴史的な出来事・由来や各種の由緒があること，その場所が特有の意味をもつこと，あるいは生産や生活の営みに季節のリズムを与える祭事などの理由で，成立してきたと思われるが，前章での地形の分析を通して，眺望も，その場所が選ばれる1つの要因になっていることが理解できた．

本章では，文献に記述されている内容を調べて眺望や景観に関する名所の理由を確認したい．これによって前章までの定量的な分類に追加的な補強資料も得られるかもしれない．

このような観点から，まず第2節では，これまで調べてきた立地類型と眺望タイプ別に，図会中に記述されている縁起文を取り上げ，定量分析と

図4.1 綿都美神社

の整合性を調べることにした．

第3節では，名所図録図会には文書が記載されていない神社もあることから，それを補強するために地方の郷土史・地方史を収集し，名所とされた理由を調べた．

4.2 図録図会中に書き込まれた由緒

本書で取り上げている図録図会中には，名所とされる神社の姿と共に，文書が記載されている．

描かれた大半の名所がそうである．

やや長くなるが，図会に書き込まれている綿都美神社の事例（図4.1）を，以下に示しておく．

「御祭神　綿都美大神・志那都美賣大神　御祭日毎年　三月二十一日・九月二十日・二十一日　当社創立の年代々の由緒は詳かならずと雖も，天平十一年六月一日付け左近将監忠廣に神領寄付状が歴然と存在するをみれば，それ以前も遠くよりこの地の御鎮座あらせらるる事疑いなし（尤も本社は慶永天文年中に，再度の火災にて縁起・宝物等焼失したる事はその際焼けのこりて于今伝る所の

表4.1　立地類型別の地形・景観に関する記述事例

立地タイプ	名称	所在地	景観記述	サンプル
盆地内小山立地型	多賀神社	直方市直方	仰も当境内や，高潔一煌の丘山にして…前には市屋櫛比に続き，遠く眺めば北筑豊遼軟の鮮峰，…に浮きし英彦山及び嘉穂の奥より注ぎ来る両大河は，近くこの近くにて流れを合わす．されば川船の上下…るが如く，帆影…風景は最も…絶なり．殊に近年，この地や四方壙山に中央し貨物…湊の街に当たる加之，社域に密接し線路通し…	1
山頂立地型	八剣神社	鞍手郡鞍手町中山	剣嶽（尾山125m）－風致を称賛，…広大なる社殿…	
	大根地神社	嘉穂郡筑穂町内野	大根地山（652m）－ひとたびこの山に登れば，遠く周防灘を雲際に見，西は近く玄界灘を眼下に見，南は筑後の広野を隔てて有明海中に温泉岳の天雲に聳えるを眺め，北は微かに山間より芦屋海を窺うを得る．実に両筑・両豊・肥前の五国は一目の間にあり．	
	高良神社	久留米市高良内町	社殿壮麗，境内の眺望広潤はるか両筑…の峰…を望み…眼下に…河水…山光水絶ともに…絶佳なり．	3
海辺山麓立地型	高倉神社	遠賀郡岡垣町高倉	山川林木の景色眺望風景は，他に異なる佳境なり．	
	熊野神社	遠賀郡岡垣町吉木	社頭は眺望殊によろしく一望の限界よく，丘の諸部落を眺めん．東方一帯白布を敷きしは乳垂川の清流にて，北に一条の白浜松原は神功皇后征韓の際御親裁在りし丘の松原なり．…風致佳境の勝地に鎮座ある．	
	志々岐神社	志摩郡志摩町御床	本社の後口は可也山（筑紫富士）を負い，前に引津船越湾を望み，川に沿い丘により，材木鬱蒼として風景絶景なり．	3
岬立地型	名島神社	福岡市東区名島	名島・黒崎（遠くまで見通すことができる…絶景…	
	綿積神社	糸島郡志摩町久家	引津浦－山のかたわら，可也の海を望み，…御社の辺より打ち見る景色はえにもいわれぬ…	
	太祖神社	糸島郡志摩町芥屋	大門崎－大門窟は実に天下の奇観なり．	
	三所神社	福岡市西区宮浦	宮浦－東に玄界嶋・志賀嶋・残嶋等を望み，南に小田浜・長久・今津に続きてその風景絶景なり．	
	小鷹神社	福岡市西区玄界島	島の西南に大机小机と称する島有り．又，西北に柱島という奇岩をもってなれる島など有り．風景甚美なり．	
	愛宕神社	福岡市西区愛宕	すこぶる眺望に富む．四時佳景筆舌の及ぶところにあらず．山下に室見川の清流に魚多し，遊客多い…	
	和布刈神社	北九州市門司区	早鞆の瀬戸を望み眺眸絶佳なり．	7
海辺立地型	岡湊神社	遠賀郡芦屋町	遠賀川河口－広大荘厳…	
	綿都美神社	北九州市小倉北区	境内は周防灘に面し，景色絶佳なり．	
	水天宮	久留米市瀬下町	社殿整然…も欠くる所なし…肥前の峰峰を望み…	3

廿余通の古文書中に明文あるを以て知らる．惜しい哉，この如き火災なかりせば，隋て創立由緒等も或いは歴然たらんや）．再来□軍家・大内家・累代領主小笠原家に至るまで崇敬深厚なりし事は神職に伝来するところ，廿余通の古文書に照らして明瞭なり．維新前は，企救郡・片野手永十七ヶ村一浦の総鎮守と崇め奉りし境内は，周防洋に面して風色は絶景なり．九州鉄道曽根駅停車場を去る東方洋一里計にして参拝の便あり．」

以上の文書には，名所の起源，祭神，祭日，地形の特徴，景観，境内，社殿等に関して記載されている．しかし各神社にこのような記述があるわけではなく，図会によっては名称と所在地以外の記述のないものも存在する．

各図会中に景観に関して記述された文章を，立地類型別に簡単にまとめたものが表4.1である．これによると，「盆地内小山立地型」，「山頂立地型」，「海辺山麓立地型」，「岬立地型」，「海辺立地型」においては，地形や景観に関する記述があることが分かった．

4.2.1 立地類型毎の縁起

(1) 「盆地内小山立地型」

この類型に属する多賀神社には，次のような縁起の記載がある．「仰も当境内や，高潔一煌の丘山にして…前には市屋櫛比に続き，遠く眺めば北筑豊遼軟の鮮峰，…に浮きし英彦山及び嘉穂の奥より注ぎ来る両大河は，近くこの近くにて流れを合わす．されば川船の上下…帆影…風景は最も…絶なり．殊に近年，この地や四方壙山に中央し貨物…湊の街に当たる加之，社域に密接し線路通し…」と記載されている．

この類型では唯一の記述ではあるが，周囲4面を山に囲まれた中央の山において遠方の山々の鮮峰，付近の河川を眺望できることが記載されている．事実，境内からはるか東方向を見ると，福智山地の山並みとその中でも最も高い福智山（900 m）が望める．

サンプル数としては少ないが，景観が1つの理由となって名所とされた可能性が高いことを示している（図4.2 多賀神社）．

図4.2 多賀神社

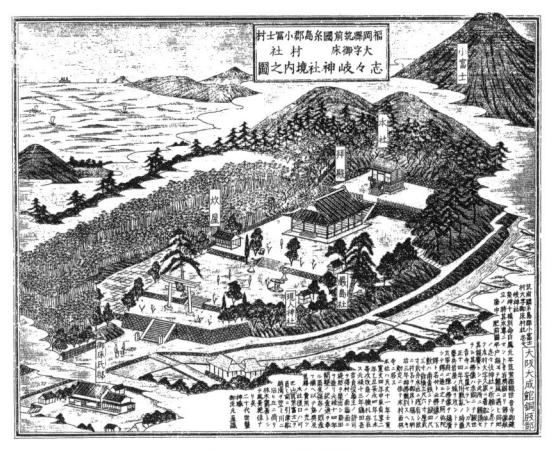

図4.3 志々岐神社

(2) 「山頂立地型」

この類型の大根地神社では，次のような記載がある．「大根地山（652 m）－ひとたびこの山に登れば，遠く周防灘を雲際に見，西は近く玄界灘を眼下に見，南は筑後の広野を隔てて有明海中に温泉岳の天雲に聳えるを眺め，北は微かに山間より芦屋海を窺うを得．実に両筑・両豊・肥前の五国は一目の間にあり」と記載されている．

神社が立地している山頂からの眺めが素晴らしいことを，事例として長崎・島原の雲仙岳が見えることをあげながら，記載しているのである．これはひとつの例に過ぎないが，この類型の特徴である山頂における眺望が，名所の1つとなった例である（図2.35 大根地神社）．

(3) 「海辺山麓立地型」

この類型の神社の中で3つの神社の縁起文に，

立地や景観に関する記述がされている．

例えば，記述内容を見ると，「可也山を負い，前に引津船越湾を望み…風景絶景なり」（志々岐神社）のように，背後に山を負い前面に海を望み，筑前富士として名高い可也山の景色の良さが書かれており，この神社の敷地が視点場となり，著名な視対象を見ることができる，つまり景観が名所とされる1つの理由となっていると思われる（図4.3　志々岐神社）．この神社の立地している地形は，いわば背山臨水型である．

(4)　「岬立地型」

この類型では，7つの神社で縁起文のなかに立地や景観に関する記述があった．他の類型と比べて最も多く，縁起文の中に立地や景観に関する記述がされている．

記述内容としては「引津浦―山のかたわら，可也の海を望み…御社の辺より打ち見る景色はえにもいわれぬ…」（綿積神社）のように海を遠くまで眺望できることが取り上げられており，それが名所とされた理由の1つとなっていることがわかる（図2.49　綿積神社）．

(5)　「海辺立地型」

この類型の「綿都美神社」では次のような記載がある．「境内は周防灘に面し，景色絶佳なり」と記載されている．また「岡湊神社」では，「遠賀川河口―広大荘厳…」，「水天宮」では「肥前の峰峰を望み…」と記載されており，海を望むことだけでなく山並みを望むことができることが記載されている．

このことは，河口付近に立地し周囲を遮蔽するものの存在が少なくそのために，眺望がきくことが，名所とされた理由となっていることを示している（図2.55　岡湊神社）．

4.2.2　その他の類型

図会中に立地や周囲の景観に関する記述がない類型は，「平野立地型」，「盆地内平地立地型」，「山辺立地型」の3つの立地類型である．

「平野立地型」は，地形上の特徴にやや乏しい類型である．「盆地内平地立地型」は周囲を山に囲まれており，必ずしも地形に特徴はないとはいえない．また「山辺立地型」は，遠くの山に囲まれたタイプである．しかしながら周囲の低地よりはやや高い位置に立地しているにもかかわらず，立地や景観に関する記述はない．

いずれにしろ図会中には，眺望という観点からの記載はなく，他の文献をさらに精査する必要がある．

4.2.3　まとめ

図会中に地形や景観を名所の理由として挙げられている立地類型は，大きく2つに分けることができる．1つは「岬立地型」，「海辺立地型」，「海辺山麓立地型」のように海を眺める類型である．2つは「山頂立地型」，「盆地内小山立地型」のように標高の大小にかかわらず山や丘の山頂に立地し，周囲の平地を俯瞰することができる類型である．

つまり地形や景観が名所とされた立地類型は，「盆地内小山立地型」，「山頂立地型」，「海辺山麓立地型」，「岬立地型」，「海辺立地型」の5つの立地類型であり，『海を望めること』と『山頂に立地し，平地を俯瞰できること』が，つまり視点場として期待されて名所となった可能性が高いことがわかった．

4.3　他の文献に記載された神社の立地特性

名所とされた神社について，再度，図会以外の地元の郷土史や他の文献を探索し，立地や景観に関しての記載がないかどうか，を調べることにする．

ここで扱う文献は，1つは，「福岡縣神社誌」，2つは，これまでに発行された各市町村史ならびに郡誌等である．

各立地類型毎に文献の記載を表4.2にまとめ，その場所がどのように把握されているかを示している．

4.3.1　「平野立地型」

(1)　記載内容の特徴

記載内容を見ると，立地や地形に関する具体的

第4章　景観と地形に絞って由緒・縁起を読む

表4.2　文献に記載された内容の一覧

立地タイプ	ID	名称	所在地	記載内容
平野立地型	39	美奈宜神社	甘木市林田	神功皇后…總廟として祭祀
	109	篠山神社	久留米市篠山町	筑紫平野の中央…筑後の巨川筑後川は碧波渺々、長堤櫻木の下を流れて城涯の裾を洗ひ、白帆の影、流■の姿趣掬すべきものあり、東北遥かに寶満英彦を神峯の望み、東は高良、屏風の連峰に對し、西脊振天山の脈を控へ、北方遥かに雲仙の靈峰を望む。
	117	北野天満神社	久留米市北野町	清浄な地をトし…五穀實り豊かな清浄の當地（北野町誌）
	124	天満宮	三潴郡城島町青木	広々とした田園に囲まれた静寂な場所
	128	風波神社	大川市酒見	神功皇后…白鷺のとどまる處
	130	日吉神社	柳川市坂本町	清浄な地を撰し、(旧柳川藩誌)
	131	大神宮	柳川市矢留町	地下に半鏡ありこれを掘り出し…
盆地内平地立地型	5	宇美八幡宮	粕屋郡宇美町	八幡大神降誕…秀麗なる青垣山の懐に抱かれたる明朗快闊なる山紫水明の霊地たり。此の地山中なれとも四方平原にして山水清く景色頗る美はし（糟屋郡誌）
	27	天照神社	鞍手郡宮田町磯光	白き鶴の住む所に廟を移すべき…
	44	太宰府天満宮	太宰府市	菅原道真公の神霊永久に鎮まり給ふ霊地に奉祀…牛が留まって動かなくなったので…
盆地内小山立地型	22	多賀神社	直方市直方	山の北に移す…
	25	八所神社	北九州市八幡西区野面	一泉山に移転
	65	東大野八幡神社	北九州市小倉南区母原	花枝山に宮殿を造営
	67	鏡山神社	田川郡香春町岩原	足姫命の恩御霊珠尚命の鎮め給ひし御鏡を以て社を草創あり…神功皇后…之の岡にて天神地神を祭給ひし処なる故に、足姫命の神霊及び命の鎮め給ひし御鏡を集め奉りて草創なりしお社にて…（香春町誌）
山頂立地型	9	太祖神社	粕屋郡須恵町佐谷	神功皇后…山頂に社殿を改造し祭祀を始として…
	26	八剣神社	鞍手郡鞍手町中山	神託…當山上に斎祭…日本武尊、剣嶽に登り給ふ熟々四方の風景をみそなはして曰く、「此山諸山に勝れたり…自ら静かなる世の中山かな。」
	35	大根地神社	嘉穂郡筑穂町内野	神功皇后…此の霊山にて…寶満山に亞ぐ高岳にて…太古より天神七代地神五代の神々を祭った霊山である。…また、山伏たちの回峰修験の道場としても広く親しまれてきた。（嘉穂郡誌）
	91	蔵持神社	京都郡	祈願所…天台宗修験修行の山たり（京都郡誌）
	102	国玉神社	豊前市求菩提	神武天皇…此山にて天神地神を祭りひし所…其地を嶽と號す。絶頂は常に奇雲たなびき夜毎に金光起り衆拏を照らす、遠近之れを仰ぎ見て奇異の思いをなす…
海辺山麓立地型	2	香椎宮	福岡市東区香椎	神功皇后…香椎廟
	10	宗像大社	宗像郡玄海町深田	北九州の海岸を起點として、日本海の只中へ直線を描き蜿々約一百海里の間三社相連り、…
	13	宮地嶽神社	宗像郡津屋崎町宮司	宮地岳より親しく三韓の模様を御視察あらせられ尚山上にて天神地神に戦勝を祈らせ給ひしと云ふ.
	16	八所神社	宗像郡吉留	鵺鴒山の麓に鎮座…今の地に遷す
	17	高倉神社	遠賀郡岡垣町高倉	大社主・兎夫羅媛の二神は水神にて、仲哀のみかど筑紫に下り給ふ時神異あり。…高倉邑に御社をたてて、祭らしめたまふ。…清浄で堅固な地（岡垣町史）
	50	志々岐神社	志摩郡志摩町御床	可也山南麓に移し…御床は海堤立九十二丁六反餘歩に上がり…
	89	宇原神社	京都郡苅田町馬場	古より鴿火海より飛び来たりて三松に懸る
	98	正八幡神社	築上郡椎田町中村	周防國大内義弘剣菱徽號を奉納
山辺立地型	29	八幡宮	嘉穂郡庄内町網分	金石山の麓…三面寶珠の神山なり
	30	八幡神社	嘉穂郡穂波町椿	村中の小高きところ（嘉穂町誌）
	32	下益神社	嘉穂郡嘉穂町	山の上に勧請…當地に遷す…小上丘上にあり（嘉穂町誌）
	40	美奈宜神社	甘木市荷原寺内	栗尾山…中世山の麓なる大宮谷に移り…
	41	恵蘇八幡宮	朝倉郡朝倉町山田	恵蘇山の麓に遷し奉り…小高き所にありて…
	42	寶満宮	朝倉郡朝倉	寶満山の竈門神社より遷し奉る…
	70	添田神社	田川郡添田町添田	岩石の頂りを…新宮を西麓に造営し…
	72	白鳥神社	田川市猪位金	帝王より今の社地に遷座す
	74	高木神社	田川郡添田町落合	英彦山より勧請す…大行司（添田町誌）
	92	木井神社	田川郡添田町	神楽山麓
	93	高木神社	田川郡添田町	英彦山の神領地
岬立地型	8	志賀神社	福岡市東区志賀島	海の中道さながらに沼矛の如く海上に突出しる處儀は長橋を以て結べる霊島にして、神域は所謂志賀三山と稱する勝山、御笠山、衣笠山を負い、…社殿東方直下は黒潮躍る玄海の怒涛玉を結び、…
	12	織幡神社	宗像郡玄海町鐘崎	中武内大臣此岬に至り給ひて全身上天ありし所を和魂の表として…鐘崎佐屋形山は風景絶佳…鐘の岬の先端に突出した佐屋形山上の景勝の地に鎮座される。（玄海町誌）武内宿祢はこの岬においでになり昇天されたと伝えられる。此山丸くて何方より向ひても背面なし、林木茂れり、或説、此山を小屋形と云、名所也、海上から見れば、其形屋形に似たり、三方は海なり、一方は外地につづく、山の形うるはしく、恰も玉の盤上に在るなり。（宗像郡誌）
	52	太祖神社	糸島郡志摩町芥屋	伊弉諾神禊祓の霊跡にして…杜の北に當りて亘巌海中に突出し、北方に口を向けて一洞あり
	53	三所神社	福岡市西区宮浦	宮之浦に鎮座
	54	大歳神社	糸島郡志摩町	唐泊岬に鎮座
	57	愛宕神社	福岡市西区愛宕	愛宕山上に鎮座す、山上は海陸の眺望よく四時の風景に富む
	59	和布刈神社	北九州市門司区	早鞆の瀬戸
	60	甲宗八幡神社	北九州市門司区大久保	早鞆の瀬戸
海辺立地型	4	箱崎宮	福岡市東区箱崎	神功皇后…御胞衣を御埋鎮…乾白浜三十里松樹林をなすてり、古歌に千代の松原とあるは即此所なり、東北は香椎潟に隣り北は奈多の濱志賀島に向ひ西は博多の津につづき、荒津の山浦ちかく能古、唐泊も遥に見えたり、すへて此潟の景色人の心を動かし、眼を驚かすはかりになし語るに詞なし、かくたへなる潮境なれは大神の神託ありて、此地にしつまりおはしますも宜ならずや、云々とあり。（海東諸國記）
	7	磯崎神社	粕屋郡新宮町立花口	白浜青松
	11	波折神社	宗像郡津屋崎町津屋崎	海邊の河原に神籬を造りて…
	14	諏訪神社	宗像郡福間町福間	西北の響の洋に向かひ真砂路清く松原遠く打つづき…養生の濱の名所にして…
	46	深江神社	糸島郡二丈町深江	神輿…怡土濱に御幸あり
	61	到津八幡神社	北九州市小倉北区到津	此津に着く困て到津とす…皇后の和魂を鎮座す
	63	綿都美神社	北九州市小倉北区中吉田	西國太平記に、龍宮濱と云は此所なり.
	83	春日神社	行橋市金屋	江尻川
	84	安浦神社	行橋市稲童	海邊
	95	網敷神社	築上郡椎田町浜宮	海邊に神壇を設け…濱邊にあり（豊前志）
	96	金富神社	築上郡椎田町	海に近く魚多し中津川へ四里あり、椎田四町計り東の濱に松原あり其の内に網敷天神の社あり海邊
	106	沓川神社	豊前市沓川	磯邊
	107	八幡古表神社	築上郡吉富村小犬丸	高濱の海邊
	108	水天宮	久留米市瀬下町	千年川の邊鷲野原の地…ただ荒漠たる原野

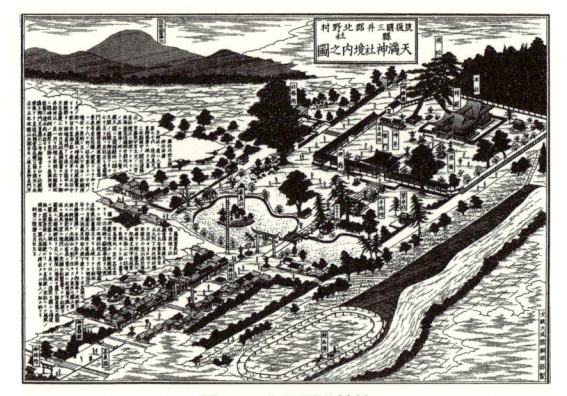

図4.4 北野天満神社

図4.5 宇美八幡宮

な記載は存在しない．

「清浄な地を卜し…」（天満神社），「広々とした田園に囲まれた老松茂る場所」（天満宮），「地下に半鏡ありこれを掘り出し…」（大神宮）のように，境内以外の理由で立地場所が選ばれた神社が多い．広大な平地に立地しているため農業に関する記載も多い．

(2) **典型的な事例**（北野天満神社：久留米市北野町（図4.4参照））

この北野天満神社は北野町の中央に鎮座しており，菅原道真公を祭る筑後地方屈指の大社である．立地や景観に関する記載には，以下のようなものがある．

「人皇第七十代後冷泉天皇の御霊夢に依り，天喜二年中關白藤原道隆公の男，藤原中宮大夫の二男，貞仙僧正に勅詔あらせられ，筑後國河北の庄に清浄の地を卜し寶殿（九間の五間）拝殿（十一間の九間）の社殿を御造営あり」（福岡県神社誌・中巻）．

さらに，「五穀実り豊かな清浄の地」（北野町史誌）とある．

このことから，立地には地形的な要因は関係が薄い．しかしながら，この地が広大な田園の中にあったであろうということはうかがえる．

北野という地名の由縁については，「筑後國北野天神縁起（三巻）」（福岡県文化財）の第三巻に記載がある．その内容は，「川北の野にあればとてここを北野と名づけ…」というものである．この土地と川とのかかわりがみられる．

4.3.2 「盆地内平地立地型」

(1) **記載内容の特徴**

記載例は少ないが「秀麗なる青垣山の懐に抱かれたる明朗快濶なる山紫水明の霊地たり」（宇美八幡宮）とあるように，周囲を山に囲まれた平地に立地している様子が記載され，またこのような場所を清浄な地として奉られていることがわかる．このことから，地形的な要因が立地の原因となり得た類型である．

神社から周辺を見るという視点場の役割というよりも，背後に見える山並みを含めて神社に空間的な価値を見出して，神社が視対象の1つの役割として名所とされたと考えられるのである．

(2) **典型的な事例**（宇美八幡宮：糟屋郡宇美町（図4.5参照））

この神社には立地や景観に関して，次のような記載がある．「四方にめぐれる山のたゝずまひ川の流れ木のこだちまでも他に異る秀霊の地なり」（貝原好古），「此の地山中なれとも四方平原にして山水清く景色頗る美はし，御産所を定め玉ひしこと誠に淺からさる神慮なるへし」（粕屋郡誌），「秀麗なる青垣山の懐に抱かれたる明朗快濶なる山紫水明の霊地たり」（福岡県神社誌・上巻）．神社の北東から東南にかけて若杉山，砥石山，三郡山が4.5-7 kmの位置にあり，境内からも見ることができる．いずれにしろ，蔵風得水型地形の代表である．

このように，周囲を山に囲まれた平地で河川が流れている空間の表現がなされており，この立地類型の特徴を表している．これらの類型は，視点場の特徴というより視点場と周辺の山並みを含めて，視対象としてこの神社が期待されていることを示す．周囲を山に囲まれた盆地そのものの風致が，山紫水明なのである．

4.3.3 「盆地内小山立地型」
(1) 記載内容の特徴

記載内容を見ると，「山の北に移す…」（多賀神社），「花枝山に宮殿を造営」（東大野八幡神社）とあるように，現地で親しまれている小山に立地している様子がかかれている．

またこのような場所を，「河内王も鏡山の風致御心に叶ひしや大宰府にて薨し給ひして此鏡山の西の麓に御墓を築き給えり（香春町誌）」（鏡山神社）のように清浄な地として，奉っていることがわかる．このことから，地形的な要因が立地の原因となり得る類型と考えられる．

(2) **典型的な事例**（鏡山神社：田川郡香春町（図2.30 参照））

鏡山神社のはじまりに，次のような言いつたえが記載されている．「当社は神功皇后三韓征伐の時，之の岡にて天神地祇を祭給ひし処なる故に，足姫命の神霊及び命の鎮め奉りし御鏡を崇め奉りて草創なりしお社にて人皇十四代の帝をも祝い奉れり」（香春町誌）である．

しかし現在鏡山神社のある鏡山は，この記述のされている山ではなく，鏡山村の上に聳える山が記述されている山であり，いつしかこの山に祭られたという．

立地や景観に関する記載には，以下のような記載がされている．「香春町より六町許東に丸山有り，其処に鏡山神社あり」（豊前紀行），「豊国の鏡の山を立てたれば君が千年のかげは雲らじ」（万葉集）と詠われている．

丸山が存在することが記載されている．丸山の姿は，奇妙にも人工的な山のような雰囲気を漂わせている．この類型の特徴であるこの山頂に神社が立地していることが，名所として評価される理由ともなっているのである．

つまりこの立地類型も，視対象としての神社を含めた小山が名所とされたようである．事実，現地調査でも，小山は鎮守の森で囲まれており，小山から眺望するというよりも，周囲から閉ざされた森の小山を平地から見る，つまり視対象として独特の地形であった．そのことが名所とされたと判断できるのである．

4.3.4 「山頂立地型」
(1) 記載内容の特徴

記載内容を見ると，「太古から天神七代地神五代の神々を祭った霊山である．…また，山伏たちの回峰修験の道場としても広く親しまれてきた（嘉穂郡誌）」（大根地神社）．また，「日本武尊…剣嶽に登り給ひ熟々四方の風景をみそなはして曰く，「此山諸山に勝れたり…自ら静かなる世の中山かな」」（八剣神社）とあり，山頂を清浄な地として奉っていることがわかる．

このような地は，「霊山」とされることが多く，昔から修験道の道場とされていたことも記載されている．このことから，地形的な要因が立地の原因となり得た類型と考えられる．

見る見られるという視覚の関連から言えば，視点場として，また視対象として名所となった神社と判断できる．

(2) **典型的な事例**（国玉神社：豊前市求菩提山（図4.6 参照））

求菩提山は，山岳仏教集団の本山派修験道道場として重きを成していたことで知られている．中世末期には，求菩提は，聖護院に直属していたこ

図4.6　国玉神社

図4.7 豊前求菩提山絵図（出典：求菩提山修験文化考）

図4.8 求菩提山の山容

とが記録に見られ，12世紀に頼巌聖人によって勧請せられた銅板法華経は現在国宝に指定されている．

寺は勅願寺として多くの山伏を擁し，千日行なども明治期まで行われていた．当時の様子が，「豊前求菩提山絵図」（図4.7）に示され，曼荼羅構成にのっとり24諸堂が配されていた．しかし明治元年に寺は廃され，神道国玉神社に改宗され

て現在に及んでいるという．

求菩提山は，標高782 mの熔岩からなる円錐形の山である．「山容は見る位置によって変わる．まことに不思議な山である．東山麓の遠くからは，円錐形の山に見えるのであるが，麓に近づくにつれ怪異な姿にかわる．北の国見山からは女性的な優美な山に見え，南面の犬ヶ岳から望むと豪壮な男性的な山に見せる．これが，求菩提山である」（豊前：求菩提山修験文化考）．さらに「高くはないが異形，異相は目を奪い，心に迫る」とある（図4.8）．

また，視対象としての山並みを評価した文章がある．「晴れた日には山頂からは国東半島（大分県）と瀬戸内海，その地平線上に中国地方の遠景を望見できる」．このように視点場としても評価されているのである．

4.3.5 「海辺山麓立地型」
(1) 記載内容の特徴

この類型の神社の縁起の記載内容を見ると，

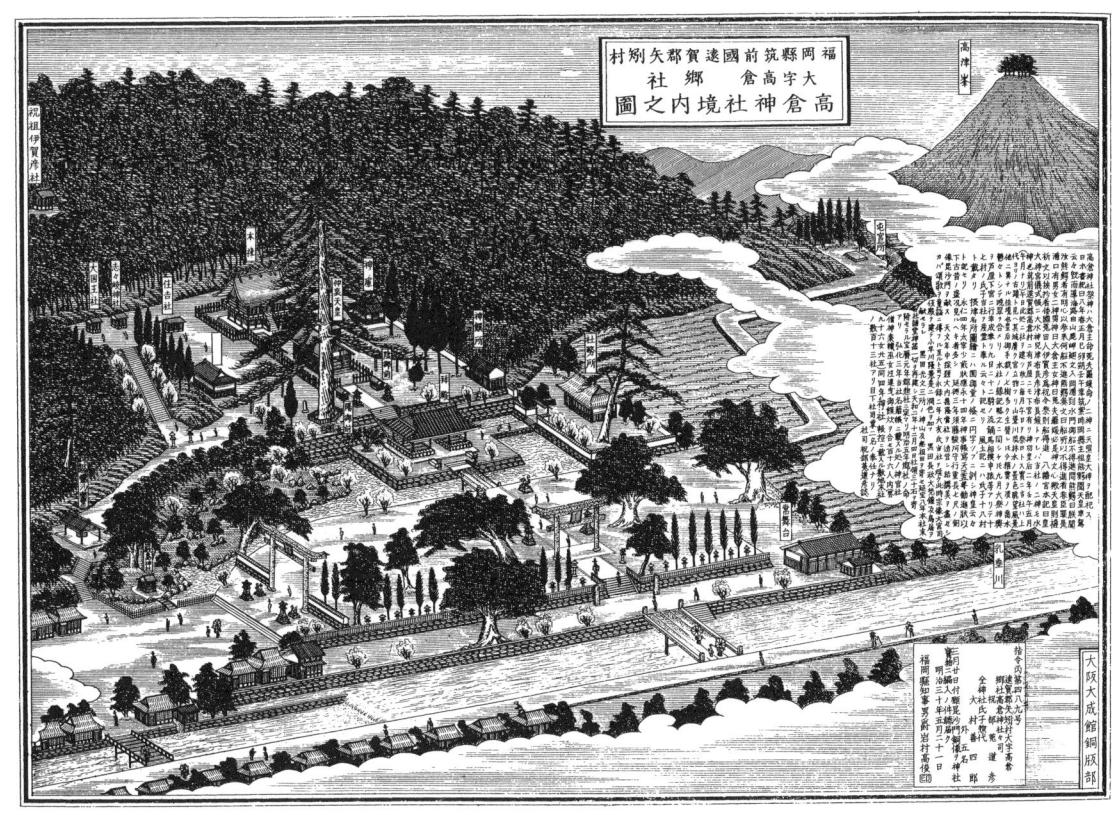

図4.9　高倉神社

「可也山南麓に移し…御床は…海埋立九十二丁六反餘歩に上がり…」(志々岐神社),「高倉神社…清浄で堅固な土地(岡垣町史)」(高倉神社)等の記載があり,海辺の山麓を清な地として,神社を奉ったことが記載されている.

(2) **典型的な事例**(高倉神社：遠賀郡岡垣町(図4.9参照))

高倉神社には次のようないわれがある.

「社伝によると,神功皇后三韓征伐の折,波津の浦に上陸,高津峯の山頂に敵国降伏の祈願が行われた」(岡垣町史).神功皇后が三韓を従えて帰陣された時,戦勝を祈願した神々に感謝の祭りをされた.その折「中にも大蔵主・菟夫羅媛の二神は水神にて,仲哀のみかど筑紫に下り給ふ時神異あり…始て勅を下し御社をたてて,祭らしめたまふ」とある.図4.10は,神社から高津峯を見た光景である.

これらのことから,大倉主命と菟夫羅媛を祭神とする高倉神社は,水や海とのかかわりが強い神

図4.10　高倉神社の境内から高津峯を見る

社であることがわかる.

また「神殿は南にむかひて,樹木蓊々として,西南に高山そはたち,前に川の流れ潔く,人の心の穢れを洗う,山のかたち,川のなかれ,誠に他に異なる霊地なり」(筑前名所図会).

海から奥まった山の麓または山に三方を囲まれ

た谷に，海にまつわる神を奉っており，この類型の代表的な神社である．海に関連していることが，1つの類型として位置づけさせた最大の理由である．

また，文献においてこのような地は，「清浄で堅固な地」（岡垣町史）と記載されており，海辺から奥まった堅固である場所が選ばれた．

図4.11 添田神社の背後の岩石山を見る

つまり，視点場としてはここから見える海辺，視対象としては山麓の背後の山の高津峯の姿が優れていること，風致があること，つまり，視点場としてまた視対象としても期待されて名所とされていることがわかる．

4.3.6 「山辺立地型」
(1) 記載内容の特徴

記載内容を見ると，「金石山の麓…三面寶珠の神山なり」（八幡宮），「恵蘇山の麓に遷し奉り…小高き所にありて…」（恵蘇八幡神社），「岩石山の頂に在りしを…新宮を西麓に造営し…」（添田神社）のように山頂にあった神社を山辺に移設したこと，山の麓を清浄な地として奉ったことが記載されている．その他には栗尾山，宝満山，帝王山，英彦山などの山辺にそれぞれの神社が立地していることが特筆されている．

山を神聖な地として，その麓に宮を設けていることがうかがえるのである．このことから，地形

図4.12 添田神社

第4章 景観と地形に絞って由緒・縁起を読む 63

的な要因が立地の原因となり得たと考えられる．

(2) 典型的な事例（添田神社：田川郡添田町（図4.12参照））

古昔にはこの神社は，背後の岩石山の頂上に祭られていたが，保元3年に平清盛が大庭平三景親に岩石城を築かせた時に，現在の地に新宮を造営した．

岩石山は，霊山として修験道の道場とされており，昔から人々の信仰の対象となっていた．これらの神社は，視点場として神社周辺を見渡すというよりは，下界からこの山を眺めて拝む，という特徴がある．つまり，視対象として神社や山並みを見ることが期待されている．図4.11は現在の岩石山の山容である．

このように添田神社は，盆地において山の麓に立地する代表的な神社であると考えられる．

このタイプの山は，いずれも山の頂上近辺が三角形の形態をした独立峰であり，神社および背後のこの独立峰を含めて名所になったと判断できる．

4.3.7 「岬立地型」

(1) 記載内容の特徴

記載内容を見ると，「社の北に當りて亘巖海中に突出し，北方に口を向けて一洞あり」（太祖神社），「鐘の岬の先端に突出した佐屋形山上の景勝の地に鎮座される」（織幡神社）のように海に突出したこの場所を，清浄な地として奉っていることが記載されている．「南に多々良川をめぐらし，東の方陸地に続き良き要害とそ，風景もあざやかにして懐古の情おのつから眼中にうかみいてて見所多し」（名島城址）．「この山上にのほれば，海陸山川のなかめ広くして，すくれたる佳景なり，大国の郊たる故に遊観する人多し（筑前名所図会）」（愛宕神社）．

このことから，地形的な要因が立地の原因となり得た類型と考えられる．

(2) 典型的な事例（織幡神社：宗像郡玄海町鐘崎（図2.47参照））

織幡神社には，「延喜式神名帳，筑前國宗像郡織幡神社一座と有」（筑前國續風土記）とある．当時宗像郡での式内社は，宗像神社と織幡神社の2社だけであった．織幡とは三韓出征の時に中武内大臣がこの地で赤白二旗を織って，これを宗像大菩薩の竹竿につけられたため名付けられたという．立地や景観に関する以下のような記載がある．

「織幡神社鎮座の鐘岬佐屋形山は風景絶佳古來其名顯はれ古歌多き」（福岡県神社誌）．

「宗像郡玄海町鐘の岬の先端に突出した佐屋形山上の景勝の地に鎮座される」（玄海町誌）．「社頭に立って見ますと，三方は海で囲まれ，東に白浜松原が連なり，左のほうは深浜，白波が立ち騒ぎ，芦屋の浜から遠く関門の山々が見渡されます」（玄海町誌）．「社ある山は，鐘崎の民家を去る事五町ばかり艮の方に在．此山丸くて何方より向ひても背面なし．林木茂れり．或説に，此山を小屋形と云．名所也．海上より見れば，其形屋形に似たり故に名付と云．三方は海なり．一方は外地へつづく．山の形うるはしく，恰も玉の盤上に在が如し．山の傍らに神廟有」（筑前國續風土記）．

さらに，「…山のかたちまるくして，何方よりむかいても背向なし，基形屋形に似たるゆへ，小屋形と呼べり…」（筑前名所図会）．

このように，周囲3面を海で囲まれた岬の先に突出した山に神社が立地し，周囲の海や山を遠くまで眺める様子がかかれているし，逆にこの突き出た山の姿が丸く興味深いと記されており，視対象として，見られるものとしても評価されていることがうかがえる．

これらは立地類型の立地や周辺の地形，景観の特徴を表している．この地で詠まれた歌に次のようなものがある．

あなし吹く迫門の潮に舟出して　早くぞすぐる左屋形の山　（後拾遺集宇大弁通俊）

夜舟こぎせとの汐干をよそに見て　月にぞ越ゆるさやかたの山　（夫木集　中務）

このように，山容が歌にも詠まれており，古くから名勝の地として名高いところであったことがわかる．

4.3.8 「海辺立地型」

(1) 記載内容の特徴

記載内容を見ると，「海邊の河原に神籬を造りて…」（波折神社），「海邊に社壇を設け…濱邊にあり（豊前志）」のように海辺を清浄な地として奉ったことが記載されている．

「旅船多く出入りして交易の利多し，凡此所の風景甚た佳なり…海鴎飛びかうありさまたくいすくなし，誠に画圖にも勝れる勝地なり（筑前名所図会）」（岡湊神社）．

またこのような海辺は，「白浜青松」のキーワードで記載されていることが多い．このことから，地形的な要因が立地の原因となり得る類型と考えられる．

(2) 典型的な事例（箱崎宮：福岡市東区箱崎（図2.53参照））

箱崎のはじまりは，神功皇后が応神天皇を御産みになった時の御胞衣を箱に入れ，この地の浜に埋められその標として松を植えられたことからつけられたという．箱崎宮のはじまりは，その後神託があったため，その内容は以下のようなものであった．

「新に神宮を筑紫の箱崎に造営し宮殿を乾に向け柱に栢を用ふべし，末代に至りて異國より我國を窺ふことあらば，吾其敵を防去すべし，故に敵国降伏の字を書きて礎の面吾座の下に置くべし」（福岡県神社誌）．

箱崎宮では立地や景観に関する記載がある．

「白浜三十里松樹林をなすと見えたり，古歌に千代の松原とあるは即此所なり，東北は香椎潟に隣り北は奈多の濱志賀島に向ひ西は博多の津につつき，荒津の山浦ちかく能古，唐泊も遥に見えわたりぬ，すへて此浦の景色人の心を動かし，眼を驚かすはかりにて語るに詞なし，かくたへなる潮境なれは大神の神託ありて，此地にしつまりおはしますも宜ならすや，云々とあり」（海東諸國記（韓国））．

「古歌に千代の松原と称し，世にめてたき名所也，神殿は乾に向かえり，四方に松林浪々として高くそびえ，その広き事，他に類なし，此の浦の景色人の心をうこかし眼を驚かすはかりなり，かく妙なる佳境なれは」（筑前名所図会）．

白砂青松の地であり，見られる場所であると同時に，博多湾の対岸に見える能古山や島などを眺める様子がかかれている．このことよりこの類型の立地や景観の特徴を表している．

4.4 まとめ

以上のことから，図会中に記載されている縁起・由緒や他の郷土史関係から地形や景観に関して名所として評価されている類型は，結局は次の類型であることがわかった．

すなわち，「岬立地型」，「海辺立地型」，「海辺山麓立地型」，「山頂立地型」，「盆地内小山立地型」の5類型である．標高の高低にかかわらず山や丘の山頂近くに立地し，周囲の平地を俯瞰することができ，眺望に優れていること，同時に下のほうから見ても山容が優れていることで，名所とされた．

「海辺立地型」は，その神社から周囲を見渡すというよりも，白砂青松の地に立地していることによるもので，やはり，視対象という側面が強く，名所となったことがわかった．

「海辺山麓立地型」と「山辺立地型」の2つの立地類型は，その神社から周辺を眺めるような視点場としての役割というよりも，他の地点から眺められる視対象の役割が強いようである．つまり，麓あるいは山辺の背後に控える山の姿に特徴があるようで，その山容が，名所たらしめた最大の要因のようである．

参考文献

1) 北野町史，北野町史編纂委員会，1991
2) 宇美町誌，宇美町誌編纂委員会，1975
3) 香春町誌，香春町誌編纂委員会，1966
4) 嘉穂郡誌，嘉穂郡役所，1986
5) 伊藤尾四郎編：宗像郡史，1986

6) 嘉穂町誌，嘉穂町誌編集委員会，1983
7) 玄海町誌，玄海町町誌編纂委員会，1979
8) 糟屋郡誌，糟屋郡役所，1972
9) 玄海町誌，玄海町誌編纂委員会，1979
10) 金子七郎編：添田町誌，1957
11) 岡垣町史，岡垣町史編纂委員会，1988
12) 伊藤尾四郎編：京都郡誌，1954
13) 三田村哲四郎：旧柳川藩誌，福岡県柳川・山門・三池教育会，1957
14) 重松敏美編著：豊前求菩提山修験文化考，豊前市教育委員会，1969
15) 天狗の末裔たち－秘境・求菩提を探る－，毎日新聞社，1969
16) 奥村玉蘭，田坂大蔵校訂：筑前名所図会，文献出版，1985
17) 大日本神祇会福岡県支部編：福岡県神社誌上巻，1944
18) 大日本神祇会福岡県支部編：福岡県神社誌中巻，1944
19) 大日本神祇会福岡県支部編：福岡県神社誌下巻（1944復刻版），福岡県神社庁，1956

第5章
神社の境内の特性

5.1 はじめに

　神社の境内の構成要素は，規模に応じてさまざまな建造物や装飾物で構成されている．図5.1は鳥居から本殿方向を見る神社の事例，図5.2は，神社の境内の事例である．

　まずは神社には神が鎮座する本殿と拝礼する拝殿がある．本殿は拝殿の背後にあり，拝殿と本殿をつなぐ幣殿があり，これらが神社で最も重要な施設であり，基本的な神社空間である．

　境内は，それらを取り囲むように，例えば，神門，回廊，塀垣，鳥居，参道，神池，狛犬，灯籠，手水舎，石碑等が配置されている．

図5.1　鳥居から境内方向を見る

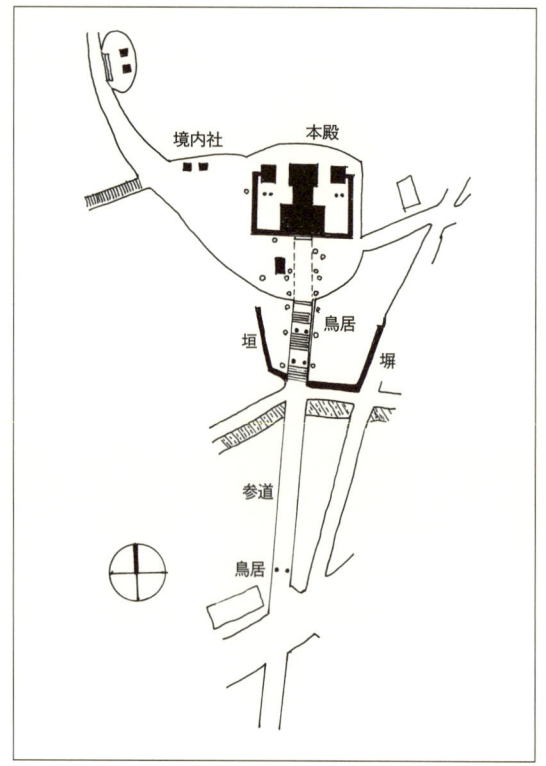

図5.3 境内の事例(1)

図5.2 境内

　拝殿に参る前には，鳥居があり，一対の灯籠と狛犬が迎え，神池，それを渡る橋，ついで手を洗う場所，手水舎がある．そして，神門や塀によって囲まれている拝殿にいたるのである．

　鳥居は，いくつも配置されている場合があり，一の鳥居から両側に継起的に様々な景観要素が配されており，二の鳥居へ至り，空間的に本殿までの高まりを演出している神社は多い．

　神社の境内にある各要素の配置の事例を2つ示している．図5.3は参道が本殿に対して直線で構

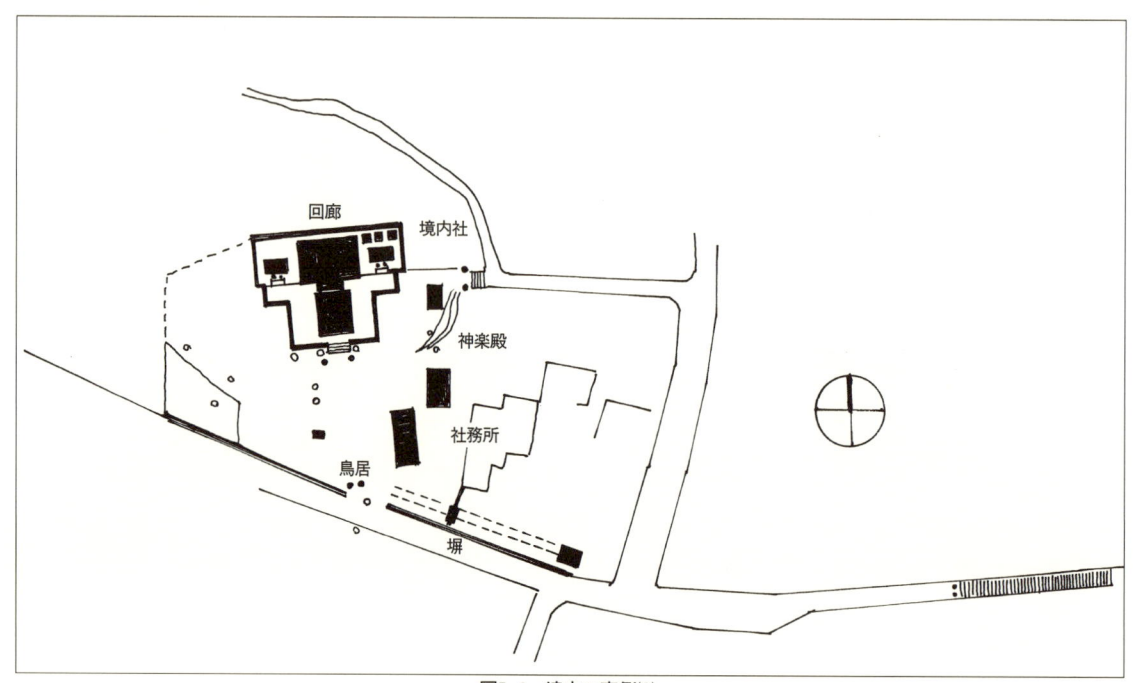

図5.4 境内の事例(2)

成されている場合であり，図5.4は，参道が本殿に対して直角に折れ曲がっている場合である．境内を構成する要素は，おおむね同じである．

境内には，本殿以外に小さな社（やしろ）をよく見かけることがある．同じ境内に他の神社の神様を祀る「境内社」のあるところは多い．それが，摂社，末社である．

祭神の親戚筋などを祀るのを「摂社」といい，本社の祭神が現在地に移る前に鎮座していた旧跡に縁のある神や，本社の地主神など特別の関係の深い神なども摂社として祀られる場合が多い．

別の神社から勧請されたのが，「末社」である．末社は，崇敬者が他の神社から境内に招いた神を祀る社をいう．境内に余裕がある神社は，摂社や末社が多い．

それらの周囲は，高木の古木で囲まれており，鎮守の森を構成しているのである．

このような境内の空間構成は，名所として流布され，一般庶民を惹きつけるものとなる．

個別に詳しくみると境内は，以上のような多種多様な施設や空間で構成されており，ここではこのような境内の特徴を調べ，名所とされた理由の一端を探すことにする．

5.2 読み取るデータ

5.2.1 図会から読み取るデータ

図会に描かれている神社の境内については，塀垣や参道，境内内の建物数に関する項目を読み取り当時の境内の様子を調べ，また，図会に書き込まれている境内に関する縁起・由緒を読み取った．

神社境内の格式をフィジカルに見て判断するために，境内にある塀垣の数，つまり塀垣で構成される空間の数が，「なし」，「1ある」，「2以上ある」の3区分として調べた．神門については，「有」と「無」の2つの区分とし，参道にある鳥居の数は，「1」，「2」，「3以上」の3区分とし，境内の階段などで構成されるレベル構成の数については，「平坦」，「1-2段」，「3段以上」として

区分して調べた．また，境内内に配されている総建築物数については，「1-5棟」，「6-10棟」，「11棟以上」の3区分で調べた．また，境内内の神池については，「あり」「なし」，その神池の橋について，「あり」「なし」の2区分でそれぞれ調べた．

5.2.2 福岡県神社明細帳から読み取るデータ

福岡県神社明細帳からは，境内の規模に関する定量指標を調べた．そして，境内の敷地面積規模を，「1-500坪」，「501-1,000坪」，「1,001坪以上」の3区分で調べた．また境内内にある総建物棟数，境内神社総数を調べ，境内神社には，小さな祠もこれに入れた．

さらに，現地で鳥居から本殿にいたる要素や保存樹なども調べた．

5.3 境内の描写の全体的概要

以上のように読み取った指標から，境内の全体的な概要を示そう．

境内に関する指標の概要は，図5.5～図5.7に示す．

5.3.1 境内規模が小さいものから大きいものまでほぼ均等に存在している

境内規模を見ると，「1-500坪」が36％と最も多く，次いで「1,001坪以上」が34％，「501-1,000坪」が30％となっている．

5.3.2 鳥居の数は1つまたは2つ

鳥居の数を見ると，「1」が58％と最も多く，

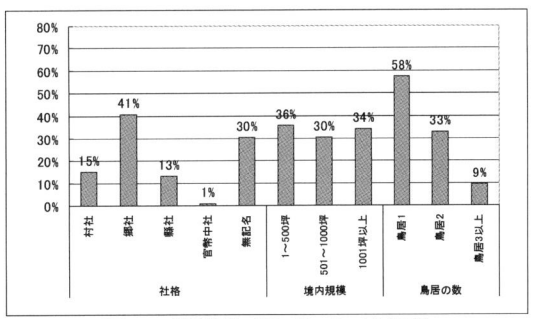

図5.5 単純集計（橋・池・レベル構成）

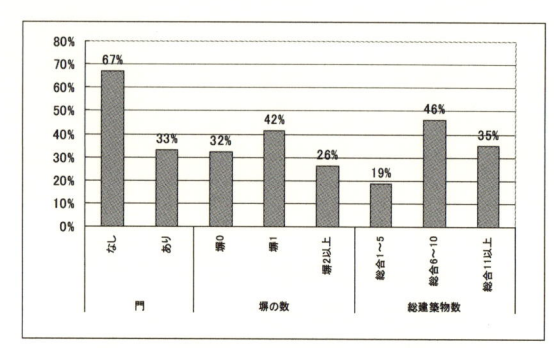

図5.6 単純集計（門・塀の数・総建築物数）

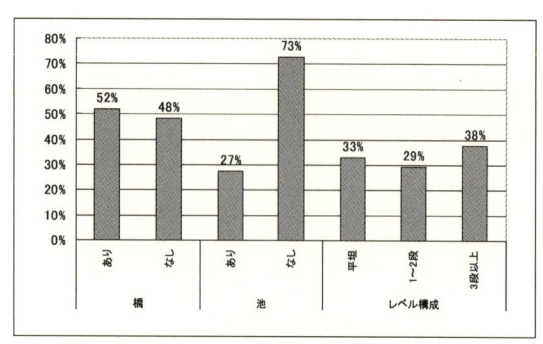

図5.7 単純集計（社格・境内規模・鳥居の数）

次いで「2」が33％，「3以上」が9％となっている．

5.3.3 神門と塀垣

神門を見ると「なし」が67％と多い．塀垣の数を見ると「1」が42％と最も多く，次いで「なし」32％，「2以上」26％と多い．

5.3.4 境内神社は多い

建物総数を見ると，「6-10」が46％と最も多く，次いで「11以上」が35％，「1-5」が19％となっている．本殿や拝殿以外に境内神社が多いことがわかる．

5.3.5 神池と橋

境内内に設けられた神池を見ると，「あり」が27％となっており，神池がない神社が多いことがわかる．周辺や境内内の池に設けられている橋を見ると，「あり」が52％と多くなっている．

5.3.6 境内のレベル構成

境内には，高さあるいは段が設けられて複雑な空間構成となっている場合も少なくない．本殿に行くに従い，階段を上りレベルは高くなるのであ

る．その高さのレベル構成を見ると，「3段以上」が38％と最も多く，次いで「平坦」33％，「1-2段」29％となっている．

5.4 図会に描かれた境内を特徴づける要因

先に概観した指標を用いて，境内の総合的な特徴を把握することにしよう．数量化III類分析を行いカテゴリースコアの算定結果の散布図を図5.8，図5.9に示す．

5.4.1 第1には，境内は社格と境界で特徴づけられる

横軸（第1軸）に注目すると，右方向（正の方向）では，社格の「官幣中社」，「縣社」などの要素が並び，逆に左方向（負の方向）では社格の「村社」など社格の低い要素が並ぶ．

つまり第1軸は，「社格」を表す軸であると考えられる．

縦方向（第2軸）に注目すると，上方向（正の方向）では，鳥居の「3以上」，塀「2以上」など境内の境界要素を表す項目が並び，下方向（負の方向）では，門の「あり」，塀の「1」，鳥居の「1」など境内の境界要素として鳥居以外の要素が存在することを表す項目が並ぶ．

つまり第2軸は，境内における「境界要素間の関係」を表す軸であると考えられる．

5.4.2 第2には，境内は規模と敷地の高低で特徴づけられる

横軸（第3軸）に注目すると，右方向（正の方向）では，境内規模の「501-1,000坪」，建築物総数の「6-10棟」など境内の規模が大きなことを表す項目が並び，逆に左方向（負の方向）では，境内規模の「1-500坪」，建築物総数の「1-5棟」など，境内の規模が小さなことを表す項目が並ぶ．

つまり第3軸は境内の「規模」を表す軸であると判断している．

縦軸（第4軸）に注目すると，上方向（正の方向）では，敷地レベル構成の「平坦」など敷地の

第5章 神社の境内の特性　71

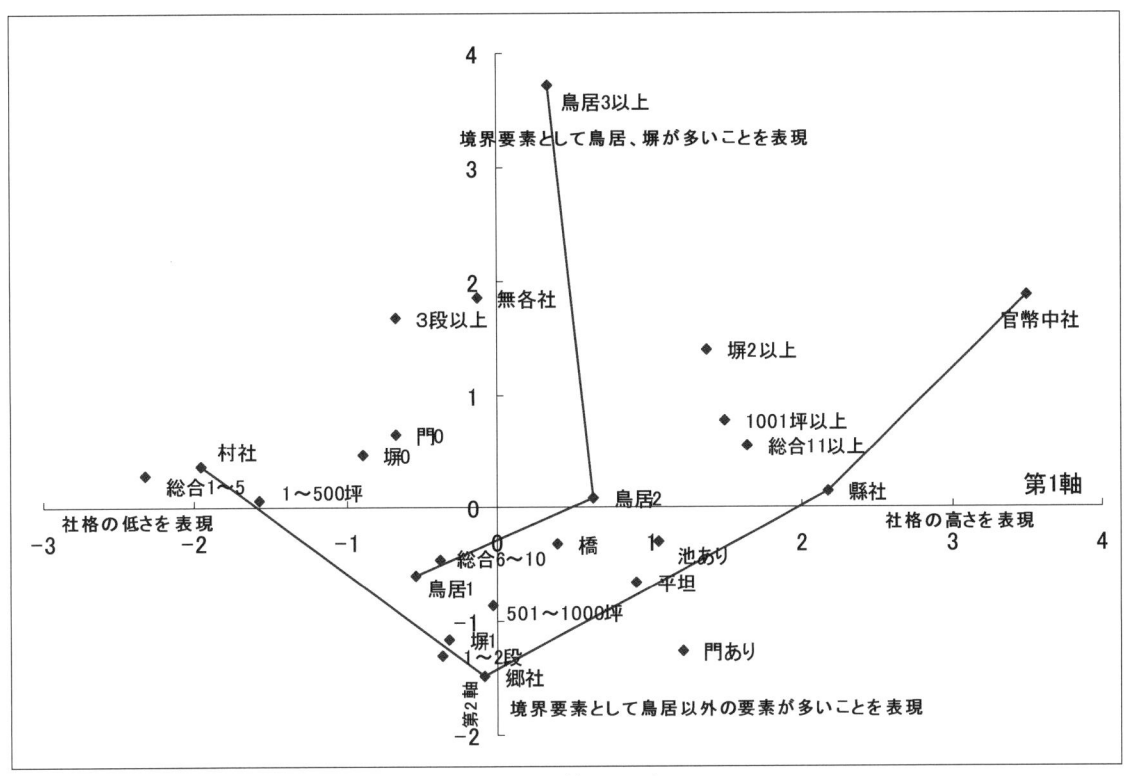

図5.8　第1軸・第2軸のカテゴリースコア

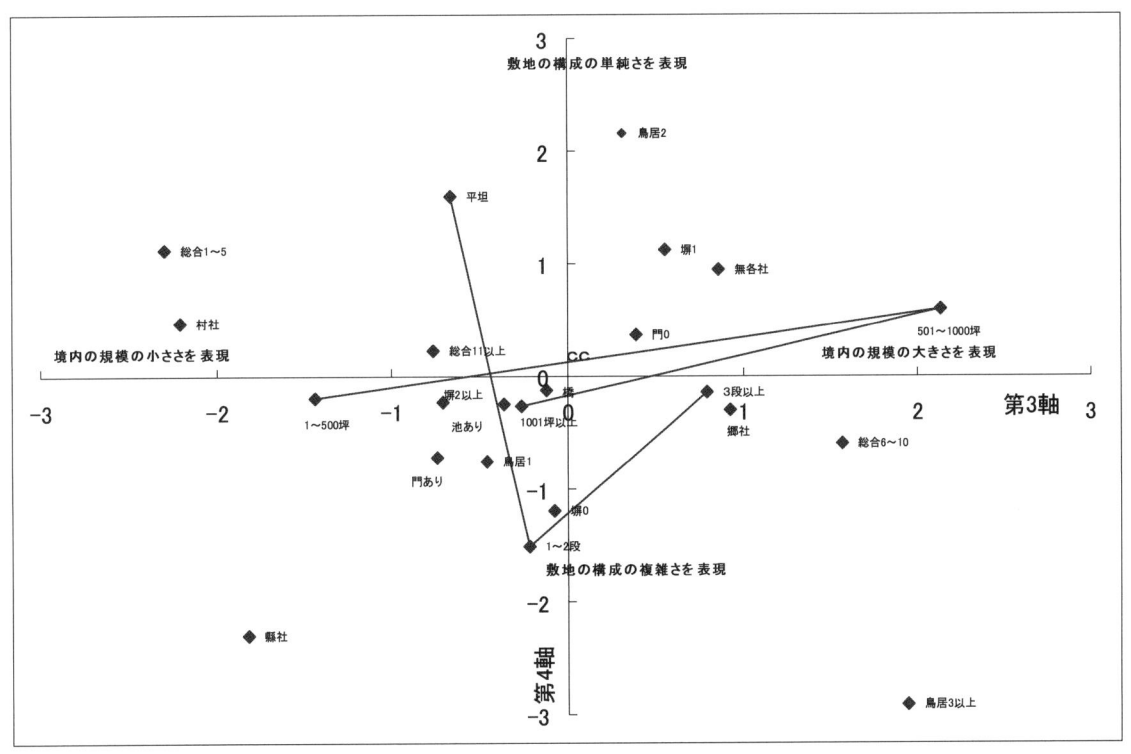

図5.9　第3軸・第4軸のカテゴリースコア

構成の単純さを表す項目が並び，下方向（負の方向）では，敷地レベル構成の「1-2段」，敷地レベル構成の「3段以上」など敷地の構成が複雑である項目が並ぶ．

つまり第4軸は，境内の「レベル構成の複雑さ」を表す軸であると考えられる．

以上のように，境内の特性は社格におおむね反映されており，ついで境内を構成している塀垣などの境界づける要素，それから境内の規模や敷地の高低さで特徴づけられることが分かった．

5.5 境内の類型

境内の基本構造として解釈した4つの各要因から，名所図会の得点を算定し，その散布図と神社の分類を図5.10に示す．これによると境内は，5つのグループに分類できることがわかった．

グループの特徴を明示するために，グループごとに境内を構成する諸要素との関連を調べた．その構成比より各グループの特徴を示した（図5.11～図5.17）.

5.5.1 グループ1

グループ1の神社の社格は「郷社」が多く，その境内敷地規模は「501-1,000坪」で，他のグループと比べて中規模である．境内の境界となる要素は，鳥居は「1」，門は「なし」，塀は「1」であり，境界を示す要素の数も少ない．境内に存在する建築物総数は「6-10棟」も中程度であり，橋は「あり」，池は「あり」が多い．

以上のことからグループ1は，一般的な「中規模な境内を有する神社」と考えられる．図5.18にその事例となる角田八幡神社の図会を示す．

5.5.2 グループ2

グループ2の神社の社格は「無格社」が多いが，その境内空間の規模は1,001坪以上と他のグループと比べて意外と大きい．境内の境界となる要素は，鳥居の「2」，神門の「なし」，塀の

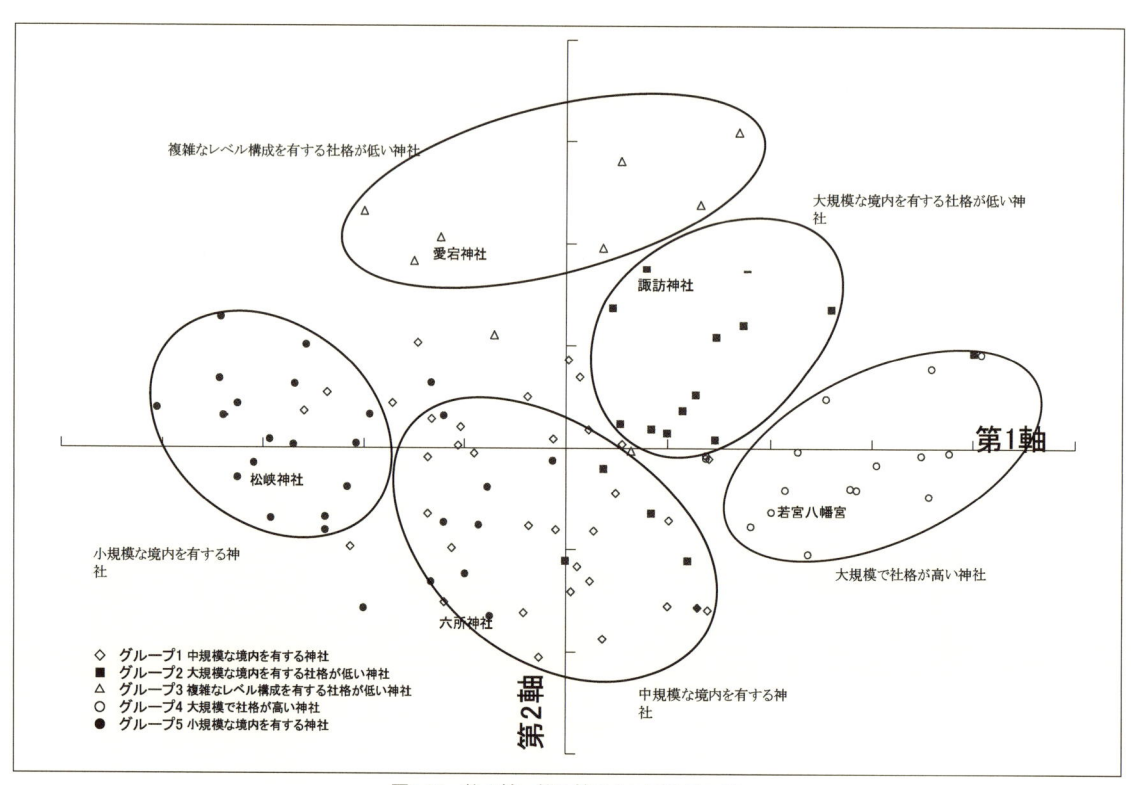

図5.10 第1軸・第2軸のサンプルスコア

第5章 神社の境内の特性　73

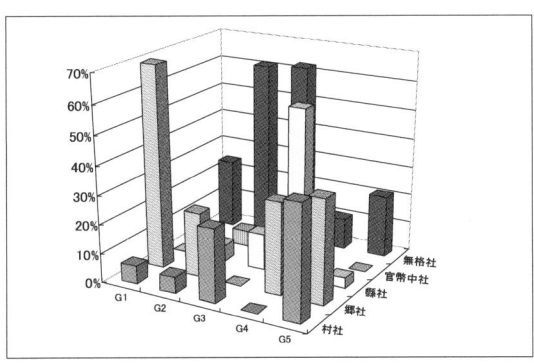

図5.11　境内グループと社格

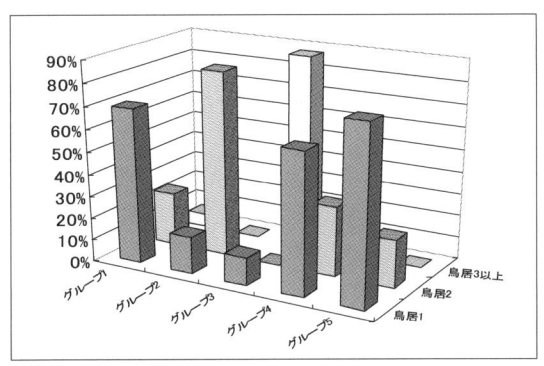

図5.12　境内グループと鳥居数

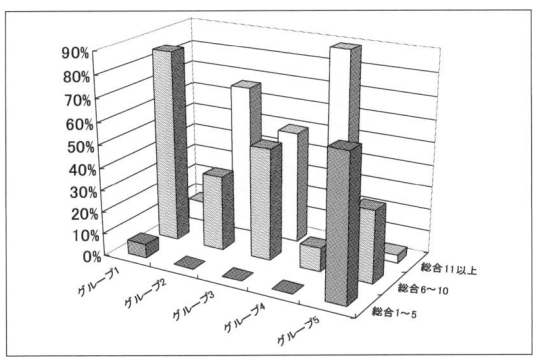

図5.13　境内グループと建物総数

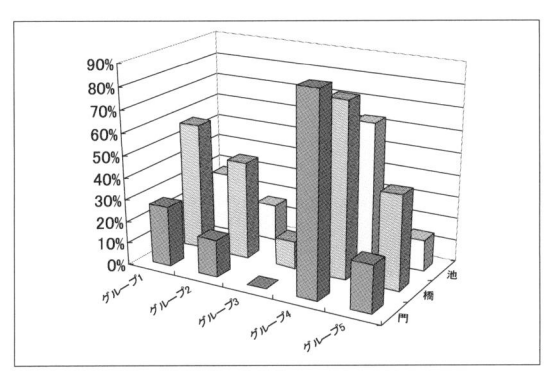

図5.14　境内グループと門，橋，池

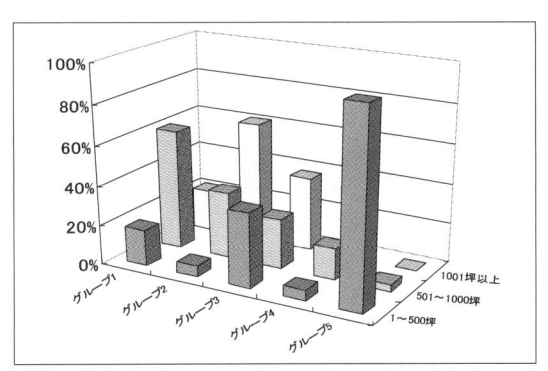

図5.15　境内グループと建物規模

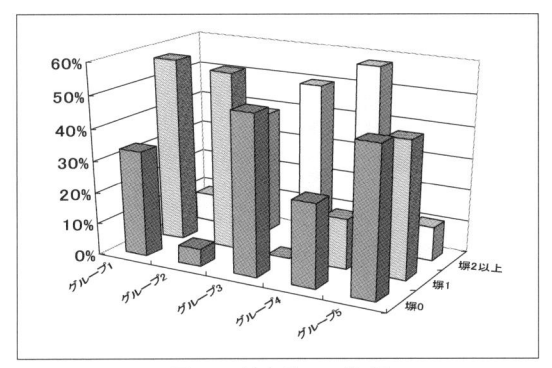

図5.16　境内グループと塀

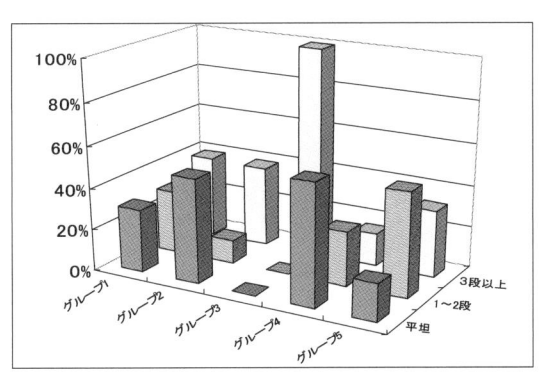

図5.17　境内グループと段

「1」などの構成比も最も高く，鳥居の数が比較的多く，したがって参道は長いが，神門が存在しないのが特徴といえる．境内に存在する建築物総数は「11棟以上」と多いが，池を有する割合が低く空間的な「格」が相対的に低いのも特徴といえる．

以上のことからグループ2は，「大規模な境内を有する社格が低い神社」と考えられる．図

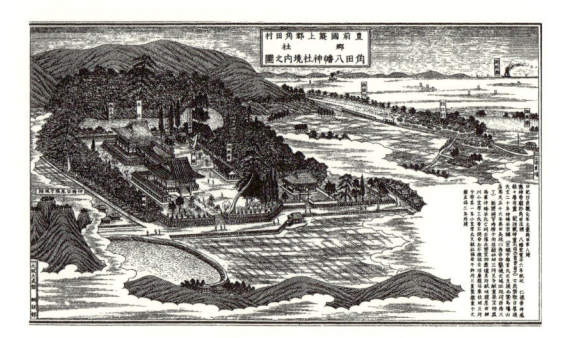

図5.18 「中規模な境内を有する神社」の例

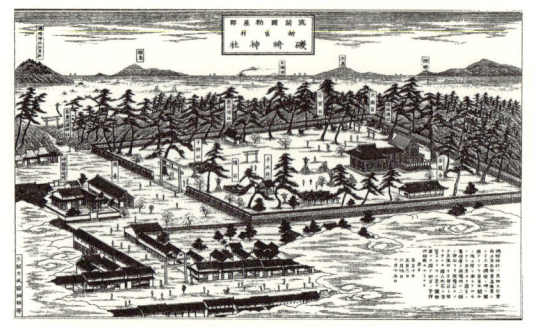

図5.19 「大規模な境内を有する社格が低い神社」の例

図5.20 「複雑なレベル構成を有する社格が低い神社」の例

図5.21 「大規模で社格が高い神社」の例

5.19にその事例となる磯崎神社の図会を示す．

5.5.3 グループ3

グループ3の神社の社格は「無格社」が多く，その境内規模は「1-500坪」，「1,000坪以上」で，大と小の規模の神社が混在している．境内の境界となる要素は，鳥居の「3以上」，門の「なし」が最も高く，鳥居の数が多く参道もやや長い．

境内に存在する建築物総数は「6-10棟」と平均的である．また池，橋の構成比が低く境内空間の格は低い．

一方で境内の空間レベル構成は3段以上と他のグループと比べて最も高く，境内のレベル構成が複雑であることも特徴の1つである．

以上のことからグループ3は，「複雑なレベル構成を有する社格が低い神社」と考えられる．（図5.20にその事例となる八剣神社の図会を示す．

5.5.4 グループ4

グループ4の神社の社格は「県社」が多く，その境内空間の規模は「1,001坪以上」と他のグループと比べて最も大規模である．

境内の境界となる要素では，鳥居は「1」，塀は「2以上」，門は「あり」である．つまり，鳥居の数は相対的に少なく，しかし門や塀などの要素が多いのが特徴といえる．境内に存在する建築物総数は「11棟以上」と多い．また橋の「あり」，神池の「あり」で，神池が多い．境内のレベル構成はやや平坦に近いが，神池や神門，塀などが多く境内空間の「格」の高さを示している．

以上のようにグループ4は，「大規模で社格が高い神社」と考えられる．図5.21にその事例として，風浪神社の図会を示す．

5.5.5 グループ5

グループ5の神社の社格は「村社」が多く，その境内の規模は「1-500坪」と小規模である．境内の境界となる要素は，鳥居の「1」，門の「なし」，塀の「なし」であり，境内の内と外の境界となる要素が少ない．

境内に存在する建築物総数は「1-5棟」と少ない．また橋や池も少なく，境内のレベル構成も

図5.22 「小規模な境内を有する神社」の例

「1-2段」であり，空間的にみるべきものは少ない．

以上のことからグループ5は「小規模な境内を有する神社」と考えられる．図5.22にこの事例として，天神社を示す．

5.6 境内は，由緒・縁起にどのように記載されたか

ここでは，神社の境内が由緒・縁起の中にどのように記載されているかを調べてみる．

境内について図会に文章として由緒・縁起が記載されている神社は，全部で20社である．主に

表5.1 グループ別の境内に関する由緒・縁起の記載事例

類型	ID	名称	所在地	由緒・縁起	サンプル
グループ1	7	六所神社	粕屋郡新宮町立花口	神池あり，…伝教大師の菩提樹あり．	
	20	熊野神社	遠賀郡岡垣町吉木	社地は，高潔にして清秀なり，神池には中島を築き，怪岩奇石をつらね，その池辺…放魚の踊りは美観なり．	
	43	杷木神社	朝倉郡杷木町林田	池田の池と奇異の池あり．	3
グループ2	6	宇美八幡宮	粕屋郡宇美町	産湯，社傍に大楠あり…	
	8	磯崎神社	粕屋郡新宮町立花口	新宮浜（磯崎の岬にあり）子持石，漁業の神，社境風致を完備…	
	14	宮地嶽神社	宗像郡津屋崎町官司	桜ヶ池，古代の石窟…	
	15	諏訪神社	宗像郡福間町福間	荘厳なる御社，諏訪森…池，穂掛石	
	21	岡湊神社	遠賀郡芦屋町	遠賀川河口一広大荘厳…	
	80	太祖神社・須佐神社	行橋市元永	社は丘上にあり，境内の風景ことに閑佳，社殿すこぶる優美…また四時の眺瞰に絶せり…	
	95	綱敷神社	築上郡椎田町浜官	三枝伏したる老松…	7
グループ3	23	多賀神社	直方市直方	社域は風致をよそおい，…遠く眺めば，北筑豊遼軟の鮮峰，…川船の上下に…帆影風景は最も絶なり．	1
グループ4	29	若宮八幡神社	鞍手郡若宮町水原	境内荘厳広大なる…	
	36	大巳貴神社	朝倉郡三輪町弥永	境内…幽閉にして諸木鬱蒼たり…	
	109	篠山神社	久留米市篠山町	社域開闊にして…清厳殊に眺望に富めり，筑後川…境内四時の草樹あり，風致すこぶる秀麗なり．	
	117	北野天満神社	久留米市北野町	老楠古松鬱蒼として社殿を囲み，山桜楓で樹枝を交えて藤架は清池を霞と遊魚常に波間に踊る風光…社殿広壮…	
	118	天満神社	筑後市下北島	社地広濶にして建造物も広壮なり…	
	121	玉垂神社	久留米市大善寺町	境内広濶にして，清佳なり…建物…精美…神代の巨木（大楠）…	
	129	三柱神社	柳川市高畑	境内清佳にして社殿すこぶる優美なり…桜花楓樹その他…風致秀麗…	7
グループ5	32	下益神社	嘉穂郡嘉穂町大隈	神代木…	
	37	松峡八幡宮	朝倉郡三輪町栗田	遺跡のいわれあり，滝，目配山，鞍掛石あり…	2

境内の規模や境内の風致あるいは周囲の森，つまり鎮守の森について記載されている．

各グループ毎に縁起文の記載内容をまとめたものを表5.1に示す．

5.6.1 グループ別の縁起文記載内容

(1)「中規模な境内を有する神社」

このグループに該当する神社は，33社であり，そのうち境内について記載がある神社は3社である．

例えば，「神池あり，…伝教大師の菩提樹あり」（六所神社），「社地は，高潔にして清秀なり，神池には中島を築き，怪岩奇石をつらね，その池辺…放魚の踊りは美観なり」（熊野神社），「池田の池と奇異の池あり」（杷木神社）と記載されている．境内に神池が存在することが記載され，そのことなどが，名所とされた1つの理由と考えられる．

しかしながら全体として境内に関する記載の割合は低く，このグループは境内の装飾性によって名所とされたとは考えにくい．

(2)「大規模な境内を有する社格が低い神社」

該当する神社は，18社であり，そのうち境内について記載がある神社は7社である．

例えば，「産湯，社傍に大楠あり…」（宇美八幡宮），「新宮浜（磯崎の岬にあり）子持石，漁業の神，社境風致を完備…」していること（磯崎神社），「荘厳なる御社，諏訪森…池，穂掛石」があること（諏訪神社），「遠賀川河口一広大荘厳…」（岡湊神社），「三枝伏したる老松」（綱敷神社）などと記載されている．境内規模が大きい様子，境内に神木や神池などが存在することが記載されている．

このグループの神社は，概ね神社の規模が大きいことや神木などで「荘厳なる社」であることが名所とされた1つの理由と推測できる．

現地調査で境内の様子を調べると，境内の規模もひろく数多くの高木が見受けられ，国や県の天然記念物の指定もされており，記載はよく事実を反映しているようだ．

(3)「複雑なレベル構成を有する社格が低い神社」

該当する神社は，8社であり，そのうち境内について記載がある神社は1社である．記載の割合は低い．

例えば，「社域は風致をよそおい…遠く眺めば，北筑豊遼軟の鮮峰，…川船の上下に…帆影風景は最も絶なり」（多賀神社）と記載されている．しかしながら，他の神社での記載例は少なく，このグループが境内を理由に名所とされたとは考えがたい．

(4)「大規模で社格が高い神社」

該当する神社は，19社であり，そのうち境内について記載がある神社は7社にのぼる．

例えば，「境内荘厳広大なる…」（若宮八幡神社），「社域開闊にして…清厳殊に眺望に富めり，筑後川…境内四時の草樹あり，風致すこぶる秀麗なり」（篠山神社），「老楠古松鬱蒼として社殿を囲み，山桜楓で樹枝を交えて藤架は清池を霞と遊魚常に波間に踊る風光…社殿広壮…」（天満神社），「境内清佳にして社殿すこぶる優美なり…桜花楓樹その他…風致秀麗…」（三柱神社）などと記載されている．境内の規模が大きいこと，境内の風致が優れていること，などが記載されている．

このことから，このグループは境内の規模が大きく，境内の様子が優れていることが名所とされた理由の1つとされたと推測できる．

神池，高木も広い境内にゆったりとして配置されている．単純なレベル構成ということは，高低のレベル差がない，あるいは少ないということで，周辺地からアクセスに難がなくスムーズにアプローチできる．つまり，格式ばらない境内の空間構成であり，いずれの神社も地元のお年寄りや子供づれの方の憩いの空間となっている．おおむね市街地内にあり，近隣の憩いの空間となっている．

(5)「小規模な境内を有する神社」

該当する神社は，28社であり，そのうち境内について記載がある神社は2社である．記載の割合は低い．例えば，「神代木」（下益神社），「遺跡

のいわれあり，滝，目配山，鞍掛石あり」（松峡八幡宮）と記載されている．境内に存在する神木や遺跡などについて記載されている．

しかしながら全体としてこのような記載例は少なく，このグループが境内を理由に名所とされているとは考えがたい．

5.6.2 まとめ

境内に関して以上の5つのグループの由緒・縁起の記載事項を見ると，境内を理由として名所とされたと考えられるグループは「大規模な境内を有する社格が低い神社」，「大規模で社格が高い神社」の2つであると考えられる．

境内の風致や樹木・神池といった要素の存在を理由として名所とされたようである．

5.7 立地類型との関連

立地類型では名所となりにくい「平野立地型」，「盆地内平地立地型」，「海辺山麓立地型」の3つの立地タイプと，先に見てきた境内のグループとの関連を調べてみよう（図5.23）．ここでは，141社のうち106社を境内を調べるための神社としているので，それぞれの立地類型の神社数は，境内グループの数よりやや少ない．

5.7.1 「平野立地型」の神社

平野に立地する神社は，19社である．そのうち「大規模で社格が高い神社」が9社，「大規模な境内を有する社格が低い神社」は1社である．

概ね境内規模が大きいこと，境内の空間構成に秀でていることを理由として，名所とされていることがわかる．

5.7.2 「盆地内平地立地型」の神社

盆地平地に立地する神社は，10社である．そのうち「大規模で社格が高い神社」が3社，「大規模な境内を有する社格が低い神社」が2社である．

概ね境内規模が大きいこと，そして境内の空間構成を理由として名所とされていることがわかる．

5.7.3 「山辺立地型」の神社

山辺に立地する神社は，16社である．そのうち「大規模な境内を有する社格が低い神社」が1社，「大規模で社格が高い神社」が1社となっている．

したがって，この立地類型の場合，境内に特段の特徴は見出せず，境内によって名所にされた理由に乏しいと判断できる．

5.7.4 まとめ

以上のことから，境内の壮麗さや荘厳さを称えられて名所と判断されたタイプは，「平野立地型」や「盆地内平地立地型」の神社であり，境内の規模が大きいこと，神池や塀などの空間構成によっていることから名所とされていたことがわかった．

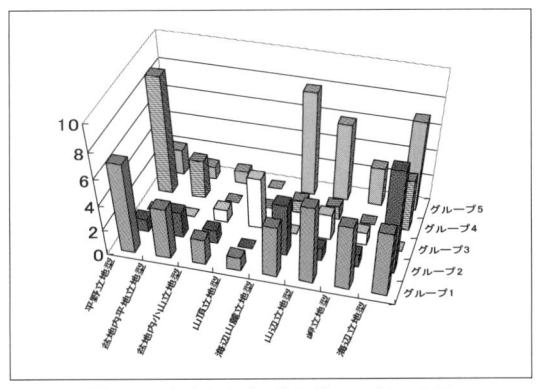

図5.23 立地タイプと境内グループとの関連

図5.24 拝殿（妻入り）と奥に見えるのが本殿

5.8 社殿について

名所と称された神社は、その基本は神社建築にあり、拝礼する場所が「拝殿」、神が鎮座する場所が「本殿」である。図5.24と図5.25に事例を示す。

手水舎で身を清めたら、拝殿前に立ち、参拝する。そこが拝殿である。文字通り神を拝礼するための建物である。本殿は通常は拝殿からは見えず、背後に回らないと見ることはできない。とはいえ、神社で一番重要なのが本殿で、この本殿の建築様式は多様であり、一般に神社建築様式というのは、この本殿の様式を指す。

また、幣殿は、本殿と拝殿との間に連続して建てられる一体型もあるが、中殿とか合の間などと呼ばれ、切り妻造り妻入りが通常である。図5.26参照。

境内では、以上の建築物群を最も目にするものであり、やはり、重要である。この神社建築の豪華さが、名所の神社として流布され、一般庶民を惹きつけた面も否定できない。

図会に描かれた社殿と今日訪れてみる社殿は、外形としてはおおむね一致していると判断できるが、しかしながら、全体として社殿の保存状態は良くない。木造の場合は、新建材で建て替えられている場合もあり、風雨にさらされて老朽化している神社や、コンクリート構造に建て替わっている場合もある。立派に修復されている神社も調査では、見受けられるのであるが、そのまま当時の社殿とは即断できない。

当時名所としてこの図会に採用された時点の建築の様子は、従ってこの図会に基づいて推し量るしかないのである。この図会の詳細については、果たして詳細に実景どおり描かれたかどうか、若干の疑問を持ちながらの推定となる。

5.8.1 図会から読み取る建築物のデータ

図会に描かれている神社の境内、神社建築の様子は、以下の項目について読み取り、これらによって優れた境内や神社建築を簡便に推定する素材とした。さらに、図会に書き込まれている縁起・由緒を読み取り、当時の社殿の様子を調べた。

建築物には、出入口によって「妻入り」と「平入り」とに分けられる。屋根の両端（妻）を正面としたのが妻入りで、妻と直角に位置する大棟に平行な側を「平」といい、そこに入口があるのを「平入り」という。

5.8.2 神社建築の概要

本殿の建築様式は通常、神明造、大社造、住吉造、八幡造などの様式があるが、図会からはそこまでは読み取れない。そこで、屋根形状の外形を読み取れる範囲で推定する。

(1) 本殿の屋根は切り妻（図5.27）

屋根形状の外形を読み取れる範囲、つまり切り妻か入母屋かで調べると、ほとんどの本殿が、「切り妻」である。「入母屋」の形態をとる本殿

図5.25 拝殿の事例（平入り）

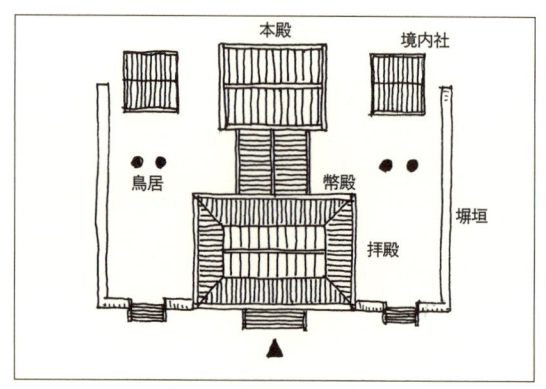

図5.26 本殿と拝殿の構成

は，割合としては少ない．

(2) 拝殿は平入りで入母屋（図5.28）

拝殿は，「有」であり，拝殿への入り方は「平入り」が多く，拝殿の屋根形状は本殿の場合とは違って「入母屋」が多い．

5.8.3 名所を特徴づける神社建築

使用したデータは，先に概観した建物に関する指標を用いて社殿にしぼって特徴を調べた．

(1) 社殿の建築構成が複雑で装飾的であるかどうかで名所的社殿となる

図会を見ると，本殿と拝殿がある場合と，拝殿をもたない本殿のみの場合も少なからずある．その場合は，少なくとも拝殿がある場合のほうが名所として選択される確率は当然ながら高いようだ．

さらに，拝殿があってその屋根形状が「切り妻」で入りは「妻入り」であり，本殿の軸方向から入るタイプの場合が，さらに名所となる確率を高めているようである．つまり，中心の建築群の構成が，名所神社にとって重要である．

(2) 拝殿と本殿の屋根形状に特徴がある場合に名所神社となる

本殿の屋根形状が「入母屋」，拝殿の屋根形状も「入母屋」といった，屋根形状が複雑であると考えられる場合は，本殿の「入母屋」，拝殿の「切り妻」などの場合よりも，社殿の屋根形状が複雑であり，名所とされた神社に多い．

要するに，屋根形状に特徴がある場合には，名所となる確率は高いようである．もちろん逆に「切り妻」タイプの神社は，名所の中には相対的に少ないようだ．

(3) 社殿の建築構成は社格と合致

ただ，屋根形状に特徴があり，また建築構成が複雑で装飾的であるのは，おおむね社格が高い神社である．したがって建築物に限って言及するならば，社格の高さと社殿の建築の装飾がほぼ一致していると言える．

5.8.4 由緒・縁起に記載された社殿の特徴

以上のフィジカルな傾向とは別の観点から，つまり図会に記載されている由緒・縁起文の中から，社殿について記載されている内容を取り上げてみる．

建築について記載されている神社は，全部で16社で，全体としては社殿に関する記載は少ないが，境内グループ毎に，ふれておく．

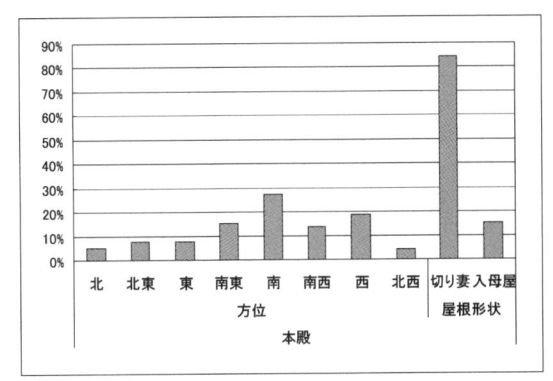

図5.27 本殿に関する項目の単純集計

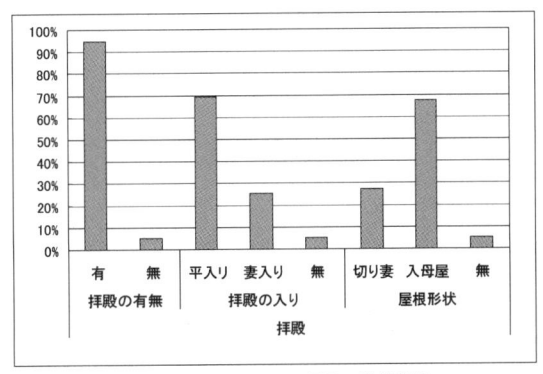

図5.28 拝殿に関する項目の単純集計

図5.29 岡湊神社の境内と社殿の様子

(1) 「中規模な境内を有する神社」の場合

これに該当する神社は，33社であるが，そのうち社殿について記載がある神社はわずかに3社である．記載の割合は低い．

図5.30　八剣神社の敷地のレベル構成の様子

図5.31　八剣神社の境内にある献灯など

図5.32　北野天満神社の本殿周辺の様子

例えば「社殿荘厳にして…属坊36区・巳子社・薬師堂・弁財天・観音堂」（六所神社・宗像），「当初二宮というは，箱崎宮がその一にして吾とその美を競う」（六所神社・糸島），「境内広濶にして，清佳なり…建物精美…神代の巨木…」（玉垂神社）と記載されている．社殿が優れていることが書かれている．

(2) 「大規模な境内を有する社格が低い神社」の場合

該当する神社は，18社であり，そのうち社殿について記載がある神社は3社である．記載の割合は低い．

例えば，「最も壮景なる社」（須賀神社），「広大荘厳…」（岡湊神社　図5.29），「荘厳なる神社，諏訪森・池，穂掛石」（諏訪神社）と記載されている．

(3) 「複雑なレベル構成を有する社格が低い神社」の場合

該当する神社は，8社であり，そのうち社殿について記載がある神社は2社である．記載の割合

図5.33　北野天満神社の鳥居から拝殿方向を見る

はやや高いが事例が少ない．

「社殿を壮大に御建築あそばさる」（太祖神社），「広大なる社殿」（八剱神社），と記載されている．社殿が広大であることが記載されている．

八剱神社（図5.30）は，山辺に立地して参道空間も坂と階段の構成であり，社殿の規模は小さいが，保全状態も悪くなく，奉献という文字が彫られている多くの装飾物が，地元から寄進されており，氏神的な空間構成（図5.31）となって興味深い．

(4) 「大規模で社格が高い神社」の場合

該当する神社は，19社であり，そのうち社殿について記載がある神社は5社である．記載の割合はやや高い．

「社殿は頗る広壮なり」（紅葉神社），「境域狭く，…東西の孤城なるをもって敢て南面として規模を壮大にせる」（笹山神社），「広壮完備の建設・社殿の広壮にして風致の雅なる…国内屈指の神社たる」（北野天満神社　図5.32と図5.33），「社地の広壮にして建造物もまた広壮なり」（天満神社），「社殿頗る優美なり…桜花楓樹…風致秀麗」（三柱神社　図5.34），「社殿整然…欠ける所なし」（水天宮　図5.35），「…境内広潤にして清佳なり…建物…精美…神代の大楠」（玉垂神社）と記載されている．

いずれも社殿が優美，壮大，整然というような評価が記載されており，このタイプでは，この社殿の特徴もまた名所となったと考えられる．事実，現地調査によっても，今日まで神社の保全状態は比較的良好であり，修復されており，当時の優美さを推し量ることができる．

(5) 「小規模な境内を有する神社」の場合

社殿について記載された神社は1社である．

「壮麗なる神社」（八所神社）とわずかに記載されているのみである．

(6) まとめ

以上みてきたように，境内グループの「大規模で社格が高い神社」は，境内のみならず，社殿の建築物においても優れていたようで，これも名所となった理由の1つであることがわかった．

図5.34　三柱神社の神門の様子

図5.35　水天宮の拝殿と本殿の様子

5.9　まとめ

まずは，境内で明らかになったことをまとめる．

(1) 境内の空間構造を示す指標は「社格」，「境界要素間の関係」，「規模」，「レベル構成の複雑さ」

の4つであると判断できる.

(2) それらの指標に基づいて神社の境内に注目して分類すると,「中規模な境内を有する神社」,「大規模な境内を有する社格が低い神社」,「複雑なレベル構成を有する社格が低い神社」,「大規模で社格が高い神社」,「小規模な境内を有する神社」の5つのタイプに類型されることが明らかとなった.

(3) 境内に関して,5つのグループ別の由緒・縁起の記載事項を調べると,境内の壮麗さなどを理由として名所とされたグループは,「大規模な境内を有する社格が低い神社」,「大規模で社格が高い神社」の2つである.境内の規模や池といった要素の存在を理由として名所とされたようである.

(4) これらの境内の特徴を理由に名所とされた神社の立地類型は,「平野立地型」と「盆地内平地立地型」の2つであると判断している.

ついで,社殿の特徴を見ると,

(5) 境内内の建築物に着目して調べた結果,その特徴に影響を与える要因は,「中心建築群の複雑性と装飾性」,「拝殿と本殿の屋根形状」,「社格と建築物の構成」の3つの要因であることが分かった.

(6) 境内の「大規模で社格が高い神社」においては,社殿もまた優美,広大,整然と評価されていることが分かり,名所神社の理由となっていることもわかった.

参考文献

1) 船越徹:参道空間の演出を読む―分布とシークエンス―,日本建築学会編『建築・都市計画のための空間学』,井上書院,1990
2) 北野町史,北野町史編纂委員会,1991
3) 宇美町誌,宇美町誌編纂委員会,1975
4) 香春町誌,香春町誌編纂委員会,1966
5) 嘉穂郡誌,嘉穂郡役所,1986
6) 伊藤尾四郎編:宗像郡史,1986
7) 嘉穂町誌,嘉穂町誌編集委員会,1983
8) 玄海町誌,玄海町町誌編纂委員会,1979
9) 糟屋郡誌,糟屋郡役所,1972
10) 玄海町誌,玄海町誌編纂委員会,1979
11) 金子七郎編:添田町誌,1957
12) 岡垣町史,岡垣町史編纂委員会,1988
13) 伊藤尾四郎編:京都郡誌,1954
14) 三田村哲四郎:旧柳川藩誌,福岡県柳川・山門・三池教育会,1957
15) 重松敏美編著:豊前求菩提山修験文化考,豊前市教育委員会,1969
16) 天狗の末裔たち―秘境・求菩提を探る―,毎日新聞社,1969

第6章

名所の景観構造と名所の要因

6.1 神社のマクロ的景観構造

前章まで明らかにしてきたことをまとめてみよう．

6.1.1 地形条件からみた名所

地形から神社の特性は，「海岸部—内陸部」，「立地場所の標高」，「周囲3km以内の山頂の多さ」，「周辺要素の距離」の景観の構造を表す軸を抽出した．

以上の軸によって求めた神社の立地類型は，平野立地型，盆地内平地立地型，盆地内小山立地型，山頂立地型，海辺山麓立地型，山辺立地型，岬立地型，海辺立地型の8つのタイプとなった．マクロ的に地形の模式図を示すと，図6.1である．

6.1.2 3次元CGによる眺望景観からみた名所

本殿の軸方向は，主として南，西方向である．
境内から眺望がきく方向は，南，西方向であって，本殿の軸方向と眺望方位は概略一致している．

3次元CGによる地形の再現によって名所周辺の眺望の特徴を見ると，閉鎖眺望型，2方向眺望型，山・平野俯瞰型，海方向眺望型，平野眺望型である．

立地類型とよく対応することがわかった．

6.1.3 名所の由緒・縁起との関連

図会中の文章から考察を行うと地形や景観が名所とされた理由の1つと考えられる立地類型は盆地内小山立地型，山頂立地型，海辺山麓立地型，岬立地型，海辺立地型の5タイプであり，「海を望むこと」と「山頂に立地すること」が景観上重要であったことがわかった．あるときは視点場として，あるときは視対象として神社空間が活用され，そのことが名所となった理由であることがわかった．

6.2 境内と社殿からみた名所

さらに神社の境内や境内内の神社建築に限定して，名所となった理由について調べた．

6.2.1 神社の境内

神社境内について類型化を行うと，5つのグループの存在が明らかになった．「中規模な境内を有する神社」，「大規模な境内を有する社格が低い神社」，「複雑なレベル構成を有する社格が低い神社」，「大規模で社格が高い神社」，「小規模な境内を有する神社」である．

このうち，図会中の縁起文の境内に関する記載から境内が名所とされた理由を推測すると，「大規模な境内を有する社格が低い神社」，「大規模で社格が高い神社」の2つのグループが，境内の規模や空間構成の特徴によって，名所となりえたことがわかった．

特に「大規模で社格が高い神社」は，先に立地場所で類型したグループ「平野立地型」の神社に該当するものが多く，これらの理由によって平野

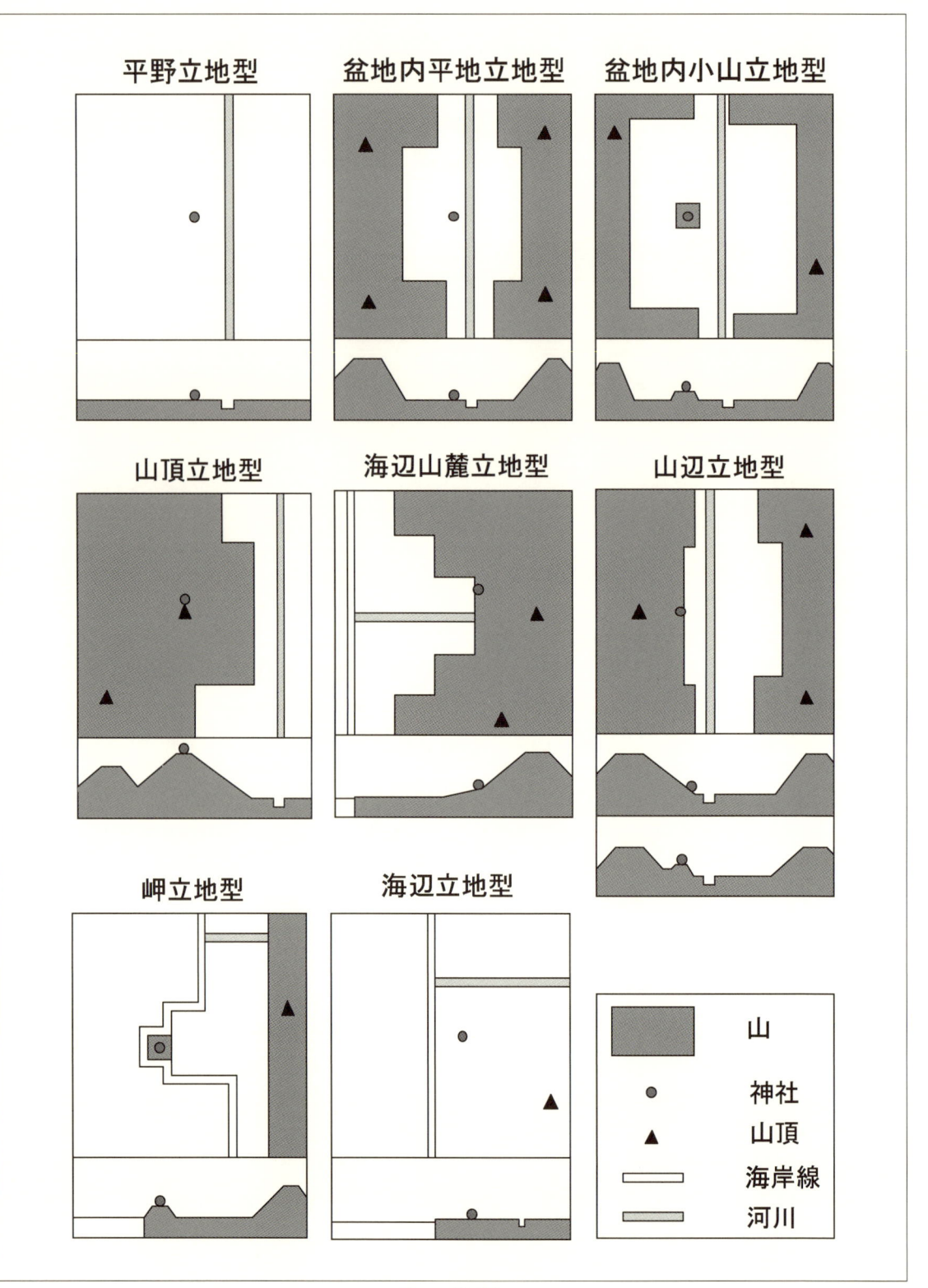

図6.1 模式図

に立地する神社は名所とされているようであった．

6.2.2 神社建築

社殿については，複雑な建築構成と社殿の屋根形状が名所に大きい影響を与えていることがわかった．そのような建築構成を示すものに，「大規模で社格が高い神社」があり，同時に「社格」の高さが境内や建築構成の豊かさを反映していることもわかった．

6.2.3 名所とされた神社の理由

本論では立地場所，境内，建築の3つの位相から名所とされた理由を調べてきた．

この3つの要因が重なり合って名所とされた神社を調べると，該当するのは19社，2つの要因が重なり合って名所とされた神社は42社，3つの要因が重なり合って名所とされた神社は29社である．全く該当しなかった神社は1社のみであった．

もちろんカテゴリー化できなかった要因もあるが，総合的に判断して概ね想定していた3つの要因によって名所とされた可能性が高いことが理解される．フィジカルな要因によって名所とされた理由の一端が明らかになったと考えている．

6.3 名所の活用

6.3.1 保全されてきた鎮守の森

名所神社の立地点については，大都市部においても全県の傾向と同様に明治期から大きな変化は少なく，維持されており，周辺の森などもよく保全されている．

たいていの神社の境内で高木が多くよく茂っており，樟や杉など美しく育ち，社殿以上に境内の歴史を感じさせるものとなっている．そのことによって，地元住民の憩いの場となっており，市街地内やその縁辺部に立地している神社が特にそうであった．

老若男女が，緑陰を求めて，あるいは安全なオープンスペースを求めて，寄り合ってきており，それによって神社空間の歴史を無意識に体験していくのだと思うとき，この名所神社の果たす役割はきわめて大きいと思う．

参道上の鳥居は，描かれた明治期より減少した神社はきわめて少なく，逆に増えている印象すらもつもので，原則的に維持されている．参道空間も，狛犬や灯籠などが増え，諸施設によって整備されているのも少なくない．

ただ社殿等の神社建築物については，多くが更新され，明治期の建築物が現存することは稀である．また，老朽化しており，管理が不十分で土足で入る吹きさらしの社殿も少なくない．

参道の多くは，境内外に広がりをみせ一般道路と併用されている場合が多い．このことから，参道空間の利用状況等が，周辺地域と神社空間の関係をみる上での一視点になる可能性があることがわかった．

さらに田園・山村部に存在している神社は，さまざまな年中行事の維持に努力している神社と，ほとんど放置されている神社も見受けられるものの，圧倒的には前者の神社が多いように感じられ，神社の縁起・由緒を地形ともあわせて独自に読み取る努力と周辺の森の活用を含めて期待されるところである．ほとんどの神社で，私が本書で調査のために使用しているテキストの存在を知らない神職の方ばかりであった．

以上の調査結果にみるように，境内の樹木を中心として維持保全されているが，今後は建物の管理や参道を含めて景観上の位置づけが期待されるところである．

平野立地型の神社では，周辺住民の日常生活と結びついてよく利用されており，隣接して公園的な施設整備もなされている．そのような空間では，環境的な配慮もよくなされているように感じられた．

6.3.2 名所はどのような空間構成であるのか

これらが名所とされた理由は，1）宗教的理由や縁起・由緒によるもの，2）神社が壮大であり，建築として著名であるもの，3）境内の規模が大であり，庭園には桜，菖蒲などの花がある，ある

いは境内を囲む森が優れているもの，4）周辺の環境，見晴らしが優れているもの，5）地形上，特徴があるもの，の5つがあげられ，そのうち1つあるいは複数の理由により名所になったとあらかじめ仮説を立てておいた．

分析の結果より，多くの神社が，景観や地形，あるいは境内空間の特徴によって名所とされていること，また縁起・由緒からも名所とされている理由となっていることもわかった．

特に地形や山容などのフィジカルな形状については，遠くからまず名所としての神社方向を眺望して参拝し，思わず写真撮影されている方も見受けられる．名所としての深みを感じさせられる．

6.4 神社の外部空間のデザイン

最後に以上の分析で，触れえなかった点について述べておく．1つは図会に描かれた境内空間のデザイン的な特徴と，2つは神社周辺地形の山，河川の特徴である．

図会に描かれた神社の境内をみていると，いくつかの優れた空間的な特徴が読み取れる．詳細は今後の研究に委ねるが以下の点を指摘しておく．

6.4.1 鳥居から本殿に至る参道

最初の鳥居から本殿に至るまでのアプローチには，2つがある．1つは，直線の軸で構成されているものと，2つは，直角に折れ曲がって本殿に至るものである．

(1) 直線の軸で構成

直線の軸で構成される代表的な神社は，平野に立地しているものが多いが，山辺に立地している神社もある．

平野の神社では（図6.2 風浪神社，図6.3 八女天満神社），鳥居を通り，川あるいは神池を橋で渡り，ついで門に至り，中の拝殿や本殿を見るもので，境内は森によって囲まれる．

山辺に立地している神社では（図6.4 美奈宜神社），平地から階段を通して，順次上り詰め，最後に拝殿，本殿にいたり，これは直線の軸で構成される．周囲は深い森で囲まれる．山辺での軸構成であるために，階段は軸にそって配置されるので急である．従って，もう1つ，側の階段，あるいはスロープの道が設けられる．

視線の方向と軸の構成が一致し，その軸にそって各社殿が配置される空間構成は，明快である．その軸は逆方向をみると，参道となり門前町を構成し，その先は市街地の中心部まで至る．ちょうど市街地の奥まったところに神社が配置されているのである．

(2) 直角に折れまがる参道

一の鳥居，または二の鳥居を過ぎてから直角方向に折れ曲がり，折れ曲がった直線の軸上に拝殿，本殿が配される．神池が配置されその橋を渡り，拝殿，本殿に直線で至るものである．折れ曲がる場所には，やや広いスペースが確保される場合もある（図6.5 三柱神社，図6.7 狩尾神社，図6.8 撃鼓神社）．

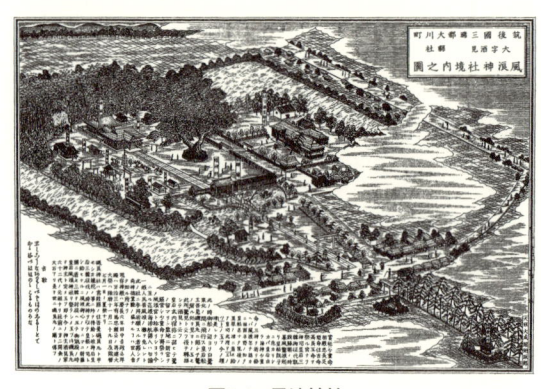

図6.2 風浪神社

図6.3 八女天満神社

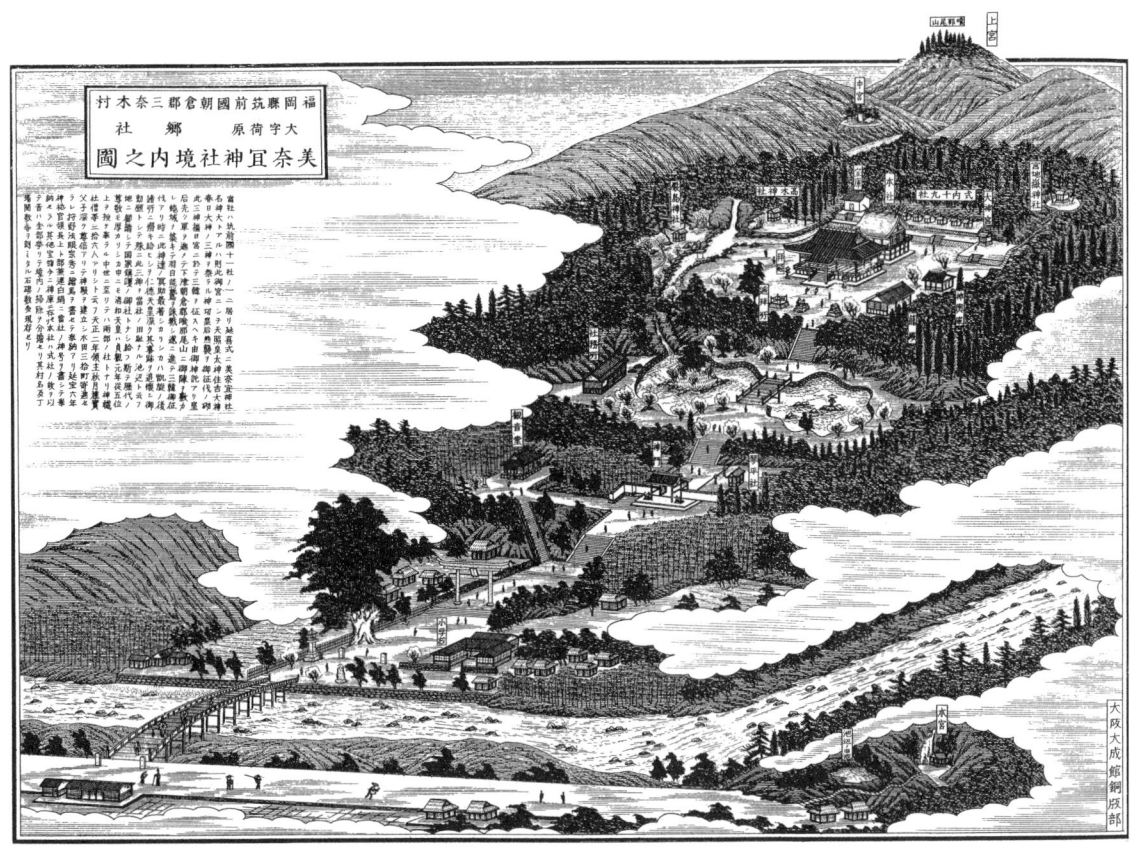

第6章 名所の景観構造と名所の要因　87

図6.4　美奈宜神社

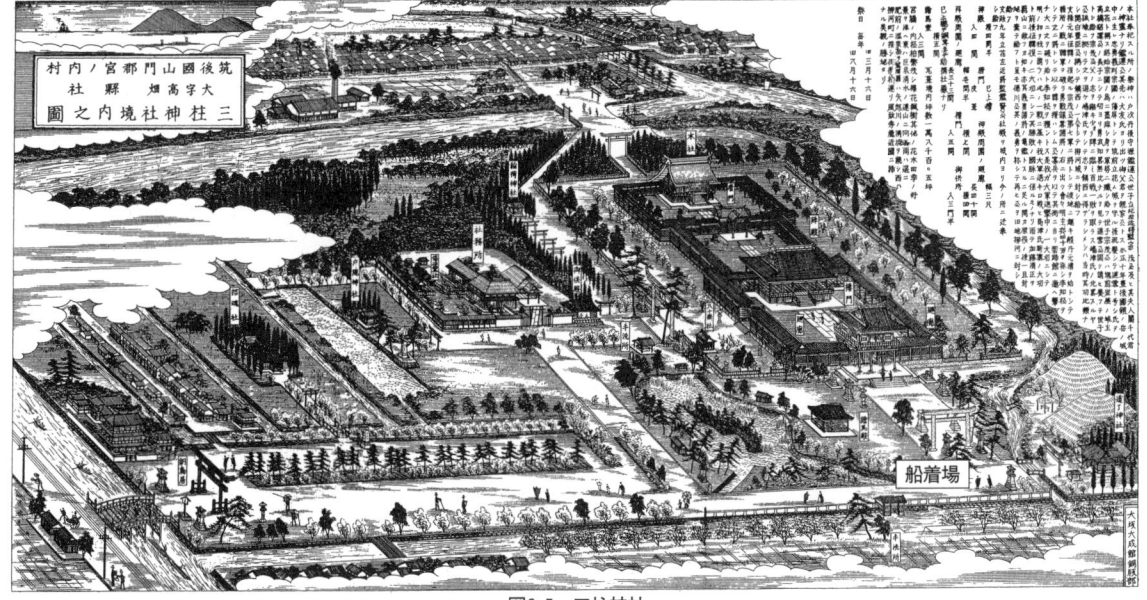

図6.5　三柱神社

図6.6　三柱神社内の船着場

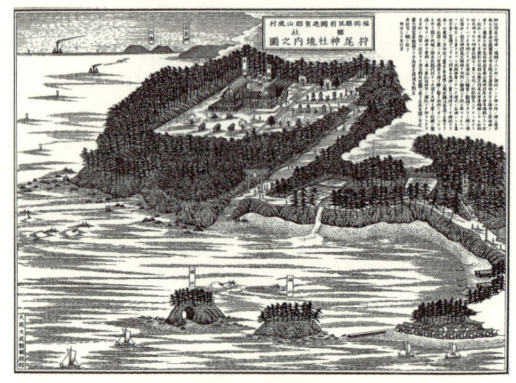

図6.7　狩尾神社

参道が折れ曲がるために，拝殿や本殿は鳥居をくぐった段階では，つまりアプローチの段階では，本殿の姿は視野に入らない．また入らぬように，樹木などで囲まれている．ついで直角に曲がった時に，はじめて拝殿が視野に入る．この空間構成は興味深い．これは山辺に立地する神社の境内がおおむね該当している．参道から本殿へ至る人の動きを配慮して，シークエンス的な景観として効果を考えた事例である．

三柱神社は，堀の流れに沿って参道を歩き，あるいは船に乗って参道を行き，それから降りて直角に向くと門があり，拝殿と本殿に向かう空間構成となっている．その参道に面した堀端には，小さな船着場が設けられ，その形跡が残されている（図6.6）．

6.4.2　海辺に向かう鳥居

境内が海辺に近い場所に立地している神社で，鳥居の方向が海を向かっており，その先には名山や港が存在している．

参道は，社殿の軸の直角方向からである．鳥居

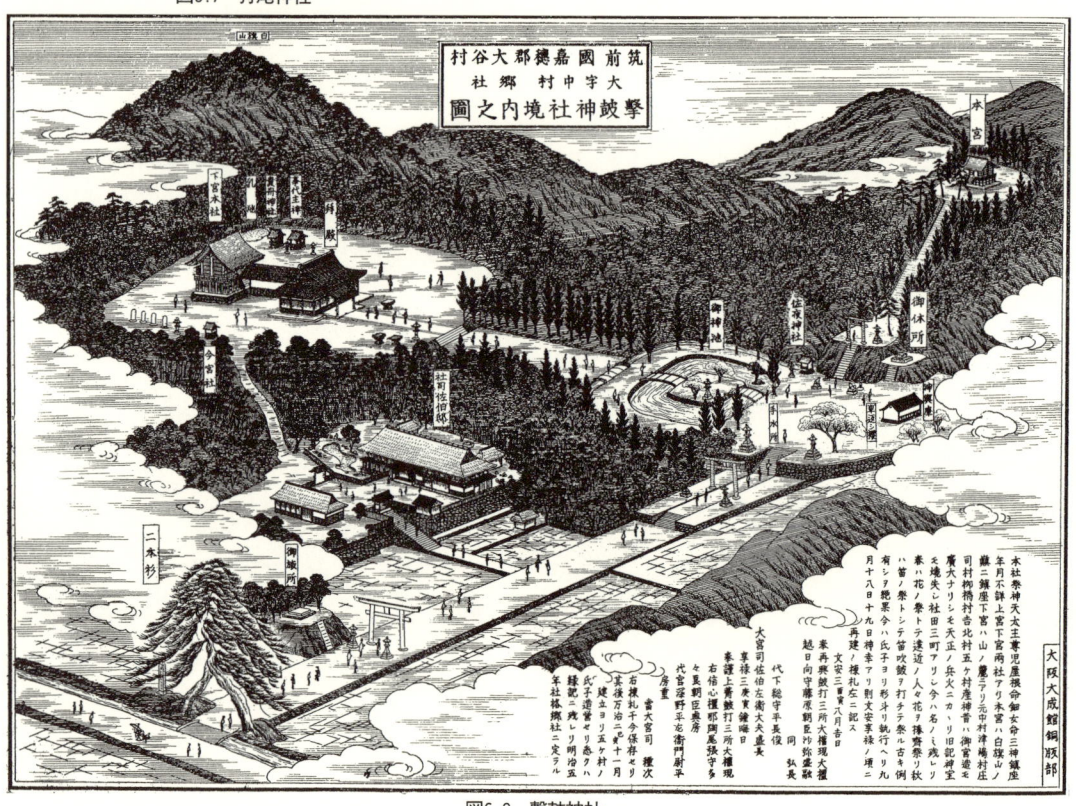

図6.8　撃鼓神社

と社殿の軸は，直線であり，海辺方向に向いている．従って鳥居の方向は海に向かい，その先には，対岸の名山，あるいは鬼塚が配置され，あるいは，漁港がある．

　直線の軸と視線の方向が一致し，その先にランドマークが配置され，きわめてシンプルなデザイン的処理となっている（図6.9　名島神社，図6.10　綱敷神社）．軸の方向がオープンであり，鳥居によって見通しが額縁のように切り取られているのが特徴である．このような事例は，海辺立地型や海辺山麓立地型の神社では少なくない．

　図6.11に，綱敷神社の周辺地形を示す．神社から2.5km先に鬼塚が望め，これが図会に描かれた．現在は埋め立て地となっているが，塚だけは，残されている．

6.4.3　描かれた神社周辺の河川と山の特徴

　図会には神社を中心に描かれているが，神社の前景や背景には，河川や山が描かれる場合がある．それらは，当時著名であった河川であり，山であると推測され，そのために，名所の位置をわかり易く図示したものであり，またランドマーク

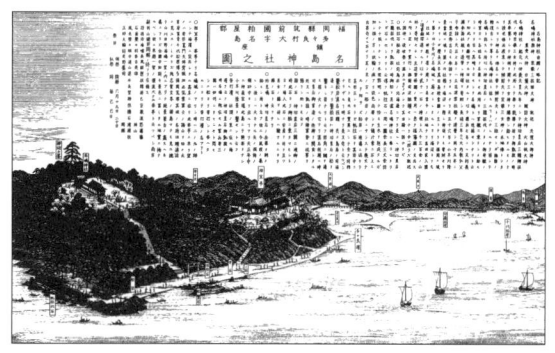

図6.9　名島神社

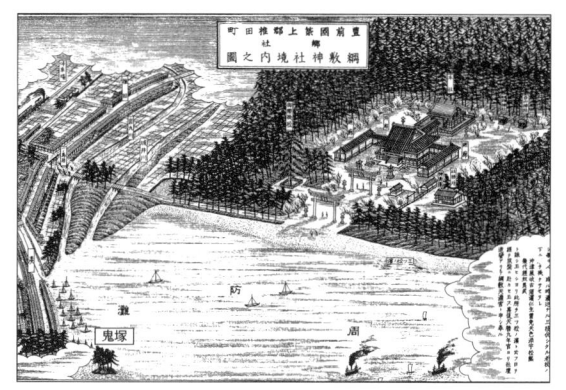

図6.10　綱敷神社

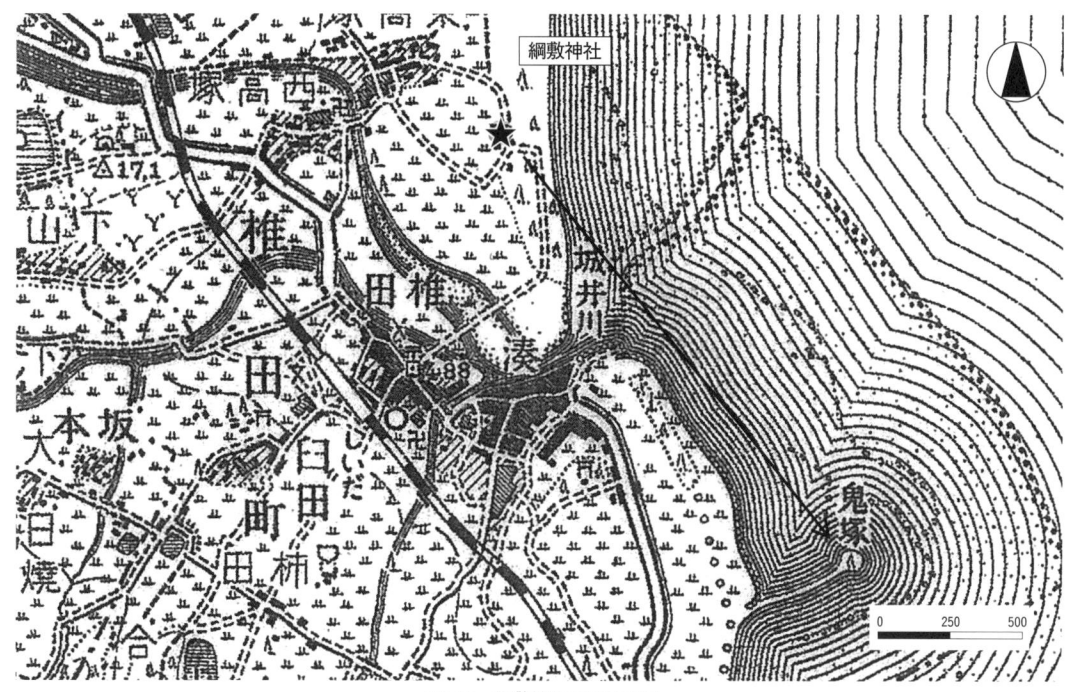

図6.11　綱敷神社の周辺地形

として重要視された．

(1) 神社周辺の河川

名所図会に神社周辺に描かれた名称入りの「河川」はそう多くはない．

筑後川は14点の図会で描かれ，遠賀川は9点，破川は5点，金辺川は3点，今川は3点で描かれている．これらは当時の著名な河川であり，神社周辺の位置・概要を示すためのガイド的機能として描かれている．

また境内を描く場合に，川向こうの世界・本殿との区切りとしても描かれている．つまり境内へのアプローチのところに河川が描かれ，その橋を渡って神社に至る構図も数多く存在している．

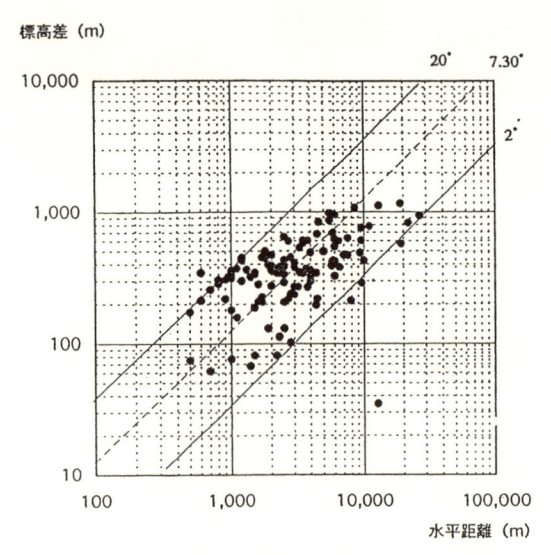

図6.12　仰角（全体）

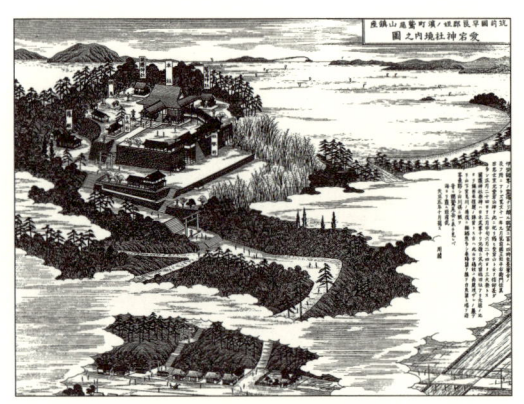

図6.13　図会に見る愛宕神社

(2) 描かれた山の特徴

1) 描かれた山の標高と山までの距離

名所神社の背景に，描かれている山がある．香春岳（7点），岩石山（5点），宮地岳（5点），英彦山（4点），福智山（4点），立花山（4点），可也山（4点），高良山（4点）である．

これらの山は英彦山を除けば，県内では比較的低いが，山容が優れた山であり，当時から入山する人が多く，また名所の位置を示すガイドとしても描かれた．

次に，名所からこれらの山までの距離の集計結果をみると，おおむね，3km以内の山が描かれている（66点，54.5％）．県内最高峰の英彦山は，最長で26.8km離れた神社の背景としても描かれている．

2) 描かれた山の仰角

図会に描かれた山の仰角を調べた．神社から背景に描かれた山までの距離を地図上で測定し，その山頂と名所の比高から，山を望む仰角を算出した．

国別に山への仰角を示したグラフが，図6.12である．地域によってやや値は異なっているが全体として見ると，4度から9度の範囲にあり，既往の研究（庭園からの仰角8.3度，名山の仰角9.1度，浮世絵の仰角4.9度）とほぼ同様な値となっている．名所図録図会がガイドブックを目的として出版されたにもかかわらず，荒唐無稽な山並みを描いていたのではなく，景観論の成果と一致するほどに真面目に取り組まれていたことが分かった．

筑前国は，平均仰角が9.3度で，おおむね4度から20度の範囲にある．豊前国は，平均仰角8.3度で2度から20度の広い範囲で山頂を望んでいる．山に囲まれた豊前国は，筑前国よりも仰角がやや小さい．筑後国は，平均仰角4.2度で，1.5度から5.7度の範囲で山頂を望む．他国に比べ仰角は小さい．

(3) 鎮守の森

社を囲む鎮守の森の植生にも幾つかの特徴が見られる．保存樹として活用されている樹種は，ク

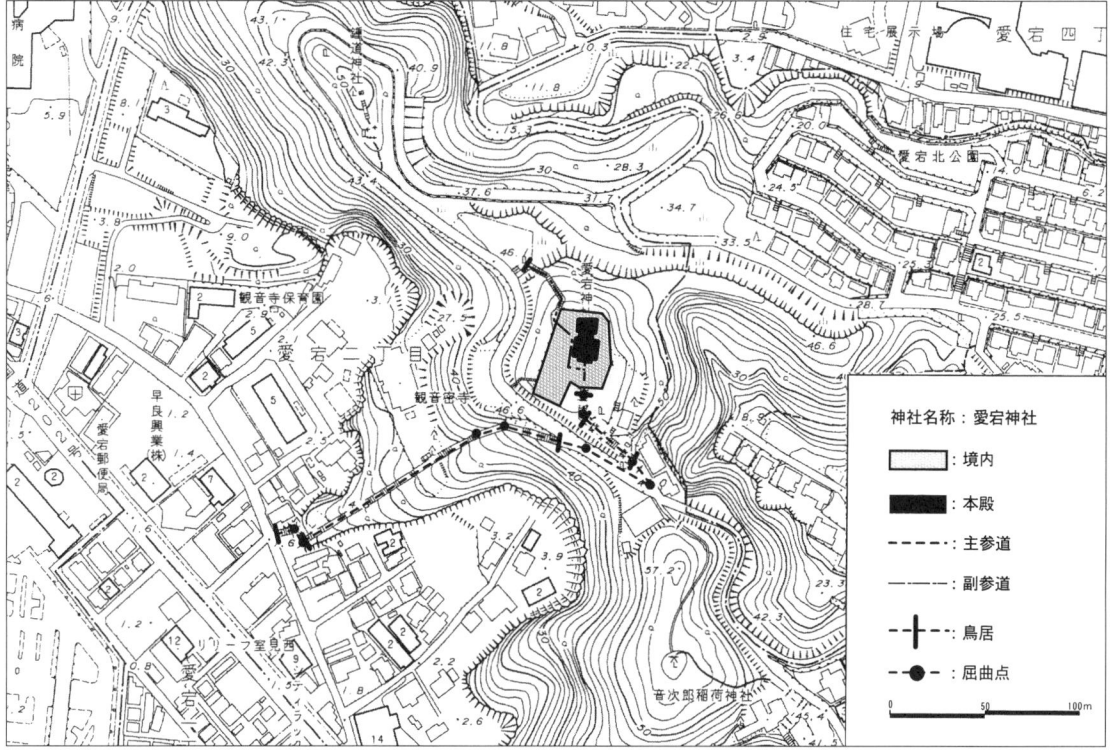

図6.14 愛宕神社の計測事例(1)

スノキ，ヒノキ，スギ，イチョウ，マツ，ソテツである．低木は少なく，総ての神社においてこれらの高木が中心となっており，今後の活用が期待される．

　市街地内での神社の場合，休憩スペースとして使用されている場合が少なくない．隣接して公園を設けている場合も数多く見受けられた．木陰での利用のみならず，境内空間に見合ったデザインの木製ベンチを設けたり，公園として利用スペースを整備しているケースも多く，地元住民の利用する光景をよく見かけた．今後の整備が期待される．

6.5　現地調査にみる境内空間の特徴

　境内にかかわる現地調査を行った神社の図会の事例を図6.13に示した．小高い丘陵地に立地している愛宕神社の例である．

図6.15　愛宕神社の入り口

図6.16　二の鳥居

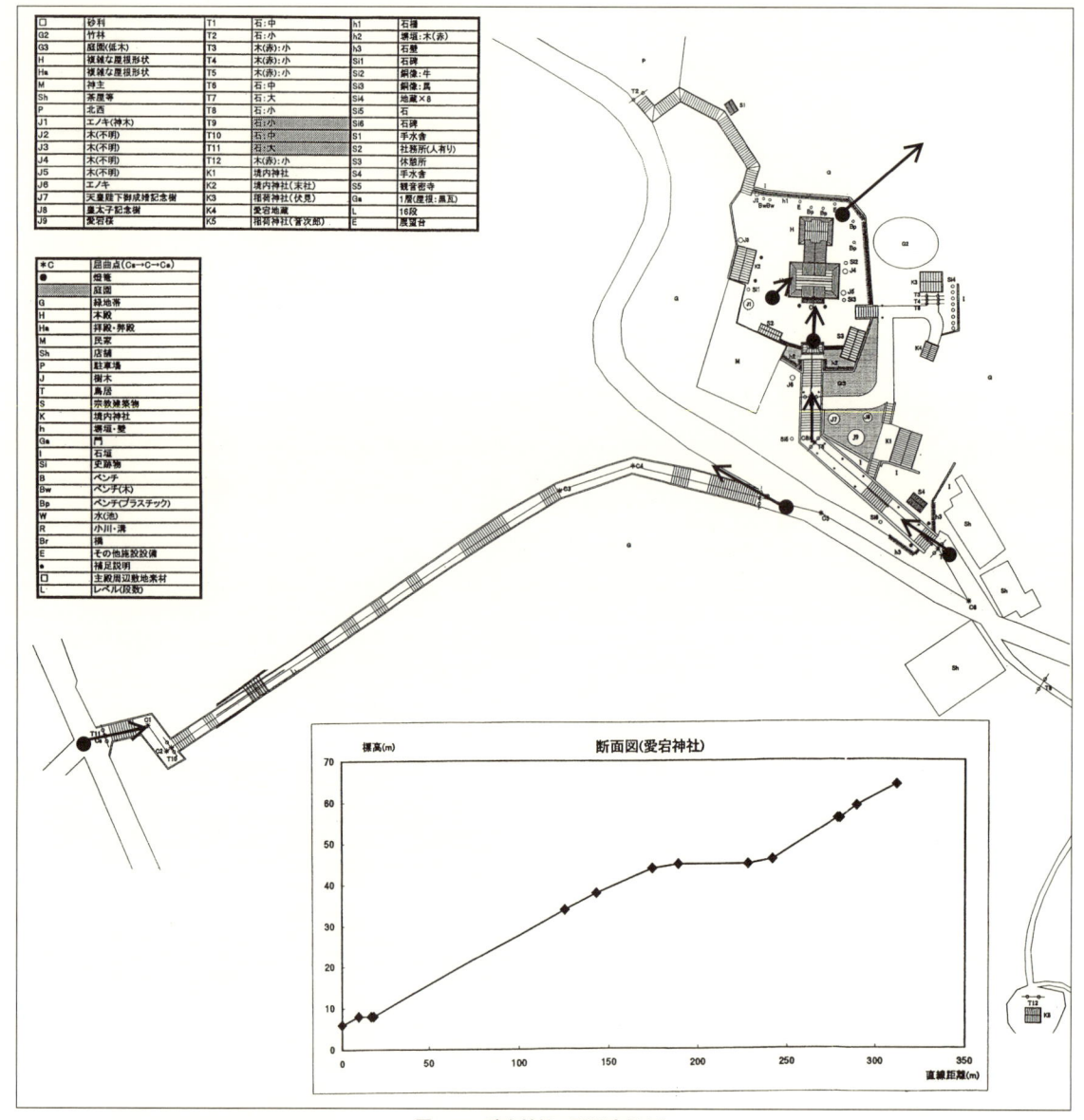

図6.17　愛宕神社の計測事例(2)

図6.18　愛宕神社の階段(1)　　図6.19　愛宕神社の階段(2)　　図6.20　愛宕神社の拝殿

図会中には，「愛宕山は福岡市を離れる西に一里．…すこぶる眺望に富む．四時佳景筆舌の及ぶところにあらず」とある．やや詳細な神社周辺の地図を図6.14に示す．

南西部にある鳥居（図6.15）から階段を真っ直ぐに上り，やや高台まで上りきると東に少し歩き，それから第二の鳥居をくぐる（図6.16）．まだ拝殿は見えない．それから180度向きを変え北西方向（図6.18）に階段を上り，それから北方向の拝殿に至る．これまでは急な階段を上らねばならない（図6.19）．そして上りきって拝殿のレベル（図6.20）に達して初めて拝殿が見え，同時に東側が開けて（図6.21）博多湾を望むことになる（図6.22）．

図会に見る参道とは若干の違いが見られるが，境内としてはおおむね実景に近い．なお昭和3～18年には九州初となるケーブルカーが境内から愛宕下をつないでいたという．

愛宕神社は，古くは海に突出した愛宕山の山頂に立地した神社であるが，立地タイプから言えば岬立地型である．神社から東方向の見晴らしがすばらしく博多湾が一望できる．

これを評価した事例が図6.17である．

詳細調査を実施した他の22の神社の概要を数値としてまとめたのが図6.23～図6.26である．

6.5.1 境内の規模

現地調査により確認できた境内の領域を，1/2,500地形図上に書き込む．そして，境内の面積を地図上で計測した結果，最大規模で25,815 m²，最小規模が769 m²，平均で5,037 m²という結果が得られた（図6.23）．概ねの傾向として，社格が高い神社ほど，境内規模も大きいことが確認できた．

6.5.2 参道の長さ

境内と同様に現地で確認できた参道について，その延長を地図上で計測した（図6.24）．ここでの参道の定義は，一の鳥居から本殿までの通路とした．計測の結果，最大863 m，最小3 m，平均は235 mという結果が得られた．この参道の延べ長さについては，境内の面積規模と必ずしも比例

図6.21　愛宕神社の本殿

図6.22　愛宕神社から博多湾を望む

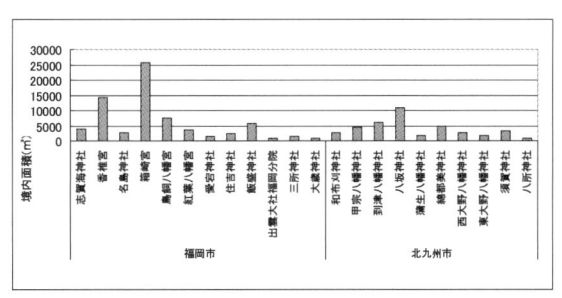

図6.23　境内面積

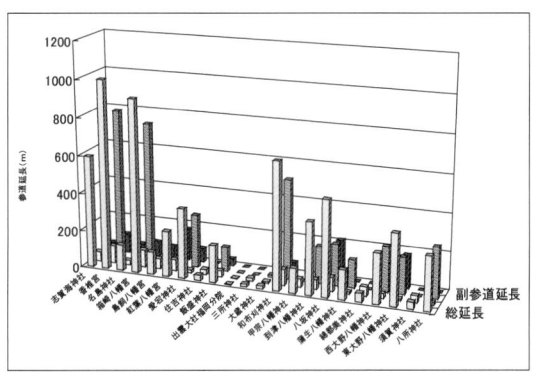

図6.24　参道延長

関係にはなく，また，社格との関係も見出せない．

参道上の鳥居の箇所数をみてみると，平均で2.3箇所であった．参道延長と鳥居箇所数の関係をみると，これも必ずしも比例関係にはなく，鳥居間の距離に共通する特徴は見受けられなかった．

6.5.3 鳥居

図録図会に描かれている鳥居が現状において，存在しているかどうかを，現地で確認を行った（図6.25）．全ての神社で現状でみる鳥居は，図会に描かれた鳥居数より多く，当然ながら図会に描かれている鳥居は，原則，存在している．

鳥居についても，立地点と同様に維持・保全されていることがわかった．

6.5.4 参道空間の特徴

参道空間の特徴の一つとして，参道の屈曲点を調査した．

(1) 屈曲点

その結果，0箇所が9社（40.9％）で，1箇所以上が13社（59.1％）であった．つまり，直線状の参道はやや少なく，直線状の参道についても延長が短い場合が多く，全体的傾向として，屈曲している場合が多いことがわかった（図6.26）．

(2) 鳥居間の距離

ただ空間を体験してみると，屈曲している場面では，多くの場合鳥居が設けられており空間の分節を強調しているようである．またその鳥居と鳥居の間の距離は，本殿に近づくにつれて短くなり，同時に階段の勾配もやや急になるようである．いわば社殿を中心として参道空間が構成されていることが簡単な調査でも確認できる．

(3) 参道の勾配

また本殿に至る勾配のとられ方は，総ての神社でただひたすらに急になるというものでもなく，最初の階段が急であるのに比べ，本殿に近づくにつれて緩やかになる神社もある．これは神社の立地した地形によるものと判断できる．

(4) 参道と一般道路

次に，参道の境内外への広がりをみると，参道が境内外に延びている神社は22社のうち15社（68.1％）である．境内外に参道を有する神社の境内内外の延長内訳をみると，平均で境内内が64m（19.4％），境内外が266m（80.6％）となっている．平均的に参道の約8割の部分は境内外であり，さらに，その多くは一般道路との併用となっている．また，一般道路として利用されているものの，鳥居に加え，灯籠や並木等が設置されているケースもあり，そこが参道であることがわかるように整備されている．これらのことから，境内外の参道空間がどのような利用，活用がなされているかをみていくことが，神社空間と周辺地域との関係を分析する上での視点になりうることがわかった．

6.5.5 まとめ

以上より，得られた主な調査結果をまとめると以下のようである．

(1) 境内の面積規模については，概ねの傾向として高い社格ほど，規模が大きくなる傾向がみられる．参道延長には，その傾向はみられない．参道

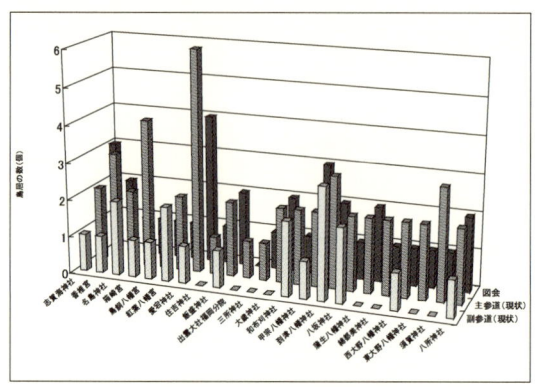

図6.25 鳥居（主参道）

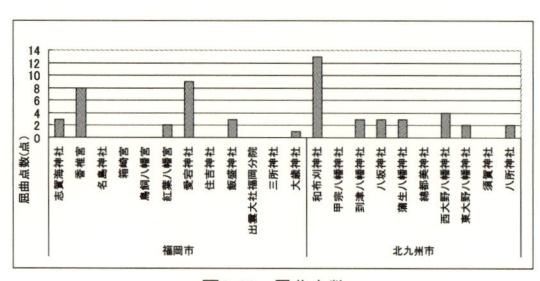

図6.26 屈曲点数

上の鳥居については，明治期より減少した神社はほとんどなく，維持・保全されているとみなされる．また，参道の屈曲点の調査により，事例としてあげた直線状の参道は少なく，比較的少ないが，社殿にいたるまでに境内内の付属物での工夫がみられる．一方で，屈曲する参道は，多く，変化のある境内空間に寄与していることも明らかになった．

(2) 参道の多くは，境内外に広がりをみせており，一般道路と併用されている場合が多い．このことから，参道空間の利用状況等が，周辺地域と神社空間の関係をみる上での一視点になる可能性があることがわかった．

参考文献

1) 萩島哲：風景と都市景観，理工図書，1996
2) 樋口忠彦：景観の構造，技報堂，1975
3) 樋口忠彦：日本の景観，春秋社，1981
4) 篠原修：新体系土木工学59 土木景観工学，技報堂，1994
5) 宮本常一：海と日本人，八坂書房，1987
6) 白石昭臣：畑作の民族，雄山閣出版，1988
7) 佐々木哲哉：福岡の民俗文化，九州大学出版会，1993
8) 吉本隆明：遠野物語の意味，『遠野物語』柳田国男，新潮文庫，1992
9) 有馬隆文，佐藤誠治，萩島哲，坂井猛，趙世晨，小林祐司：3次元CGを用いた景観特性の計量化とそのシステム開発に関する研究，日本建築学会計画系論文集，523，pp. 227-232，1999
10) T. Arima, S. Hagishima, T. Sakai : Characteristics of Landscape Structure in the Meisho-zue -Landscape Analysis Using Three-Dimensional Computer Graphics-, Proc. 2nd Int. Sympo. on City Plann. and Environ. Management in Asian Countries, pp. 125-134, 2000
11) K. Hitaka, S. Hagishima : A Study on Location Pattern of Shrine Drawn in the Meisho-zue, Proc. 3rd Int. Sympo. on City Plann. and Environ. Management in Asian Countries, pp. 111-117, 2002
12) 船越徹：参道空間の演出を読む―分布とシークエンス―，日本建築学会編『建築・都市計画のための空間学』，井上書院，1990
13) 清水吉康，大阪大成館編集：「大日本名所圖錄・福岡縣之部」明治31年，復刻版，大蔵出版会，1983
14) 1/50,000地形図，大日本帝国陸地測量部，1904
15) 1/50,000地形図，国土地理院発行，1995
16) 1/25,000地形図 国土地理院発行，1995
17) 大日本神祇会福岡県支部編：福岡県神社誌上巻，1944
18) 大日本神祇会福岡県支部編：福岡県神社誌中巻，1944
19) 大日本神祇会福岡県支部編：福岡県神社誌下巻（1944復刻版），福岡県神社庁，1956
20) 北野町史，北野町史編纂委員会，1991
21) 宇美町誌，宇美町誌編纂委員会，1975
22) 香春町誌，香春町誌編纂委員会，1966
23) 嘉穂郡誌，嘉穂郡役所，1986
24) 伊藤尾四郎編：宗像郡史，1986
25) 嘉穂町誌，嘉穂町誌編集委員会，1983
26) 玄海町誌，玄海町誌編纂委員会，1979
27) 糟屋郡誌，糟屋郡役所，1972
28) 金子七郎編：添田町誌，1957
29) 岡垣町史，岡垣町史編纂委員会，1988
30) 伊藤尾四郎編：京都郡誌，1954
31) 三田村哲四郎：旧柳川藩誌，福岡県柳川・山門・三池教育会，1957
32) 重松敏美編著：豊前求菩提山修験文化考，豊前市教育委員会，1969
33) 天狗の末裔たち―秘境・求菩提を探る―，毎日新聞社，1969

第7章

既往の地形類型との比較

7.1 地形と景観

地形には大きく分けて，①山頂，②麓，③平野，④海辺，⑤岬，⑥盆地の6つの要素がある．この他にも地形をつくる要素として，谷，川，池・沼・湖などがあると考えられる．

日本人の地形や景観に対する歴史や具体的な場所，寺社仏閣・都などを例にして，日本人が見つけてきた特別な地の地形について考察された樋口忠彦著『景観の構造』と藤原成一著『癒しの地形学』という2冊の著作がある．この著作ではそれぞれ異なった観点から地形が考察され興味深い結論が導かれている．例えば盆地や谷間，山頂など，選ばれた地形の特徴から，「蔵風得水型」「こもりく型」というような地形の類型化を共通して指摘している．それ以外にも同じ名称が用いられている地形もあり，また国土地理院の地形図を用いていることも共通している．もちろん現地調査や文献調査なども実施されている．

本章では，両者が提示している地図を同一の縮尺に直し，これをベースに比較している．もしかしたらこのような一面的な分析がなじまないかもしれないと思いながらも，両氏の論考に触発されて，誤解を恐れずに名所空間という観点からそれらの地形タイプが統合できないかと考え，試みた分析である．このようなアプローチもあってよいのではないか？と自問自答して公にする．

この地図は，それぞれの著作に示されている地区の地図を，改めて国土地理院の地図から直接ダウンロードして印刷し，コンターラインに沿って色鉛筆でスケッチして示して考察している．白図だけではなかなか素人にはわかりにくいのであるが，標高のコンターラインに応じて彩色すると，複雑な盆地の地形の場合は理解しやすくなる．さらに盆地などの幅や高さなど定量指標を加えて両者の共通尺度を提示している．

7.2 人文的地形研究の視点
―社会的・歴史的・精神的に人文的視点から見た地形―

以下，樋口版地形類型（『景観の構造』による地形類型の略，以下同じ）と藤原版地形類型（『癒しの地形学』による地形類型の略，以下同じ）が，はじめに分けた地形要素のうちどれを含むのかを，それぞれ見ていく．

7.2.1 『景観の構造』の視点と背景

樋口による地形分類は，「地形の構成する空間にはどのようなものがあり，それはどのような性質や意味を持ち，そしてその空間的構造はいかなるものであるか」を明らかにすることを目的として考察されている．樋口は地形分類を抽出するに当たって，地形空間の構造（谷，盆地，平野など）と，それを規定している空間構成要素（山，川，平地，それらの美的価値，方位など）を示した．そして，以下の7つの類型を提案している．

「水分神社型」「秋津州やまと型」「八葉蓮華型」「蔵風得水型」「隠国型」「神奈備山型」「国見山型」である．

それぞれの地形分類では景観・眺め，風景に関する分析もなされている．たとえば「水分神社型」では「昔懐かしい好風景の土地」で，「日本人の心象風景のひとつの典型でもある」と書かれている．また，「神奈備山型」や「国見山型」では山が，視対象となったり，視点場となったりする．

7.2.2 『癒しの地形学』の視点と背景

藤原による地形分類は，西国三十三観音札所の周囲の地形についてなされている．藤原はその周囲の地形が，「風光明媚である」といったような景観について考察するというよりは，それら周囲の地形が，人あるいは日本人の内部・精神性に影響することについて，より重視して考察している．著書のタイトルにあるとおり，地形が人々にもたらす「癒し」の効果や精神的修養を探ることが目的である．

精神的な影響を及ぼす地形を持つ，と考えられる場所として，藤原の著書では西国三十三観音札所が選ばれている．そして，その主な地形パターンとして，「蔵風得水型」「背山臨水型」「山頂尾根型」「辻堂型」「かくれ里型」「こもりく型」の6つが挙げられている．

7.2.3 樋口と藤原の共通点

2人の著書に共通しているのは，人々が地形に変化を与える力を持ち，地形の奇形化を押し進めている現代に対する危機感から，地形が果たしている役割や意味を捉え直そう，といったものである．そして2人は歴史的な見地から考察を始めている．

どちらも景観よりは歴史的にその地形が人々に選ばれた意味，そして人々がその地形から受け取る影響を考察しているように感じる．

樋口，藤原の本で提示されている地形類型の種類とその類型が含んでいる地形の種類を表にまとめたものが表7.1，7.2である．

表7.1 樋口版地形類型と地形要素

	山頂	麓	平野	海辺	岬	盆地	川	その他
水分神社型		○	○				○	田地
蔵風得水型		○				△		方位
隠国型		○	△			○		谷
国見山型	○		△					
神奈備山型	△	○	△				○	
秋津州やまと型				○			○	標高(低)
八葉蓮華型	△							標高(高)

表7.2 藤原版地形類型と地形要素

	山頂	麓	平野	海辺	岬	盆地	川	その他
山頂尾根型	○							
背山臨水型		○					○	
蔵風得水型		○				△	○	
かくれ里型		○				○		
こもりく型		○				○		谷
辻堂型			○					

7.3 2つの人文的地形・空間タイプ

7.3.1 樋口版「蔵風得水型」と藤原版「蔵風得水型」

樋口版では事例として鎌倉が挙げられており（図7.1），藤原版では事例として石山寺が挙げられている（図7.2）．「蔵風得水」とは風水思想による地形である．よって，方位も重要な要素となってくるが，藤原版では何故か方位が考慮されていない．

「蔵風得水型」の地形とは，北を背にして三方を取り囲む山，南方にひらける平地や川といった要素をふくむ．

両者の違いを実際に著書で取り上げられている事例で比較する．まず，樋口の取り上げている「蔵風得水型」地形をみてみる．幕府が置かれた鎌倉の地は北側の鶴岡八幡宮から南側の海までの約2 km，一直線に若宮大路がひかれていて北から南への方向性がはっきりと浮き出ている．そして，北側と東西を，平地との標高差100-50 mの

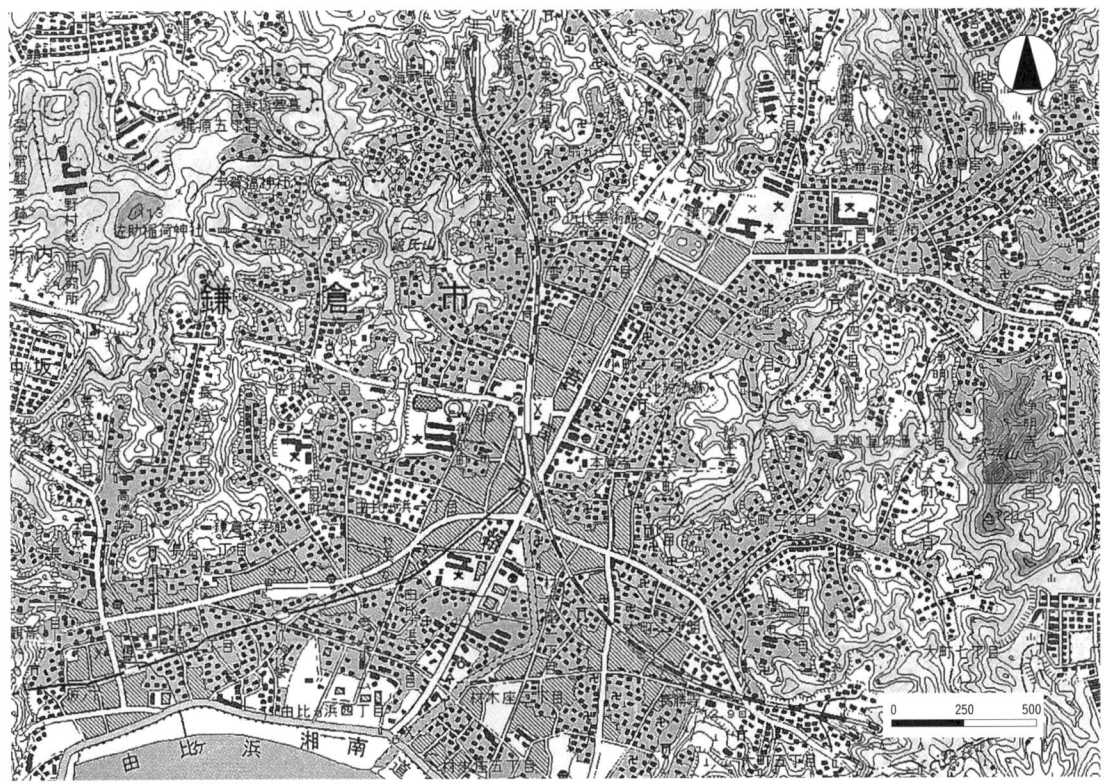

図7.1 樋口版「蔵風得水型」鎌倉

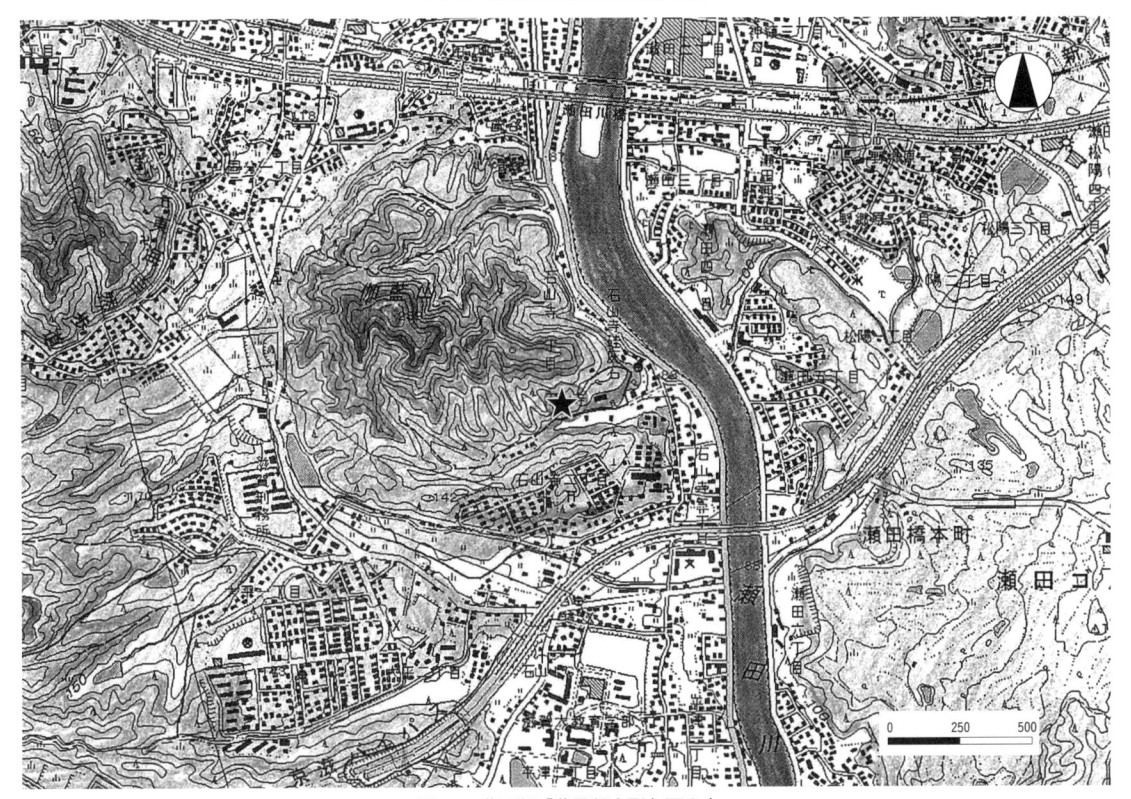

図7.2 藤原版「蔵風得水型」石山寺

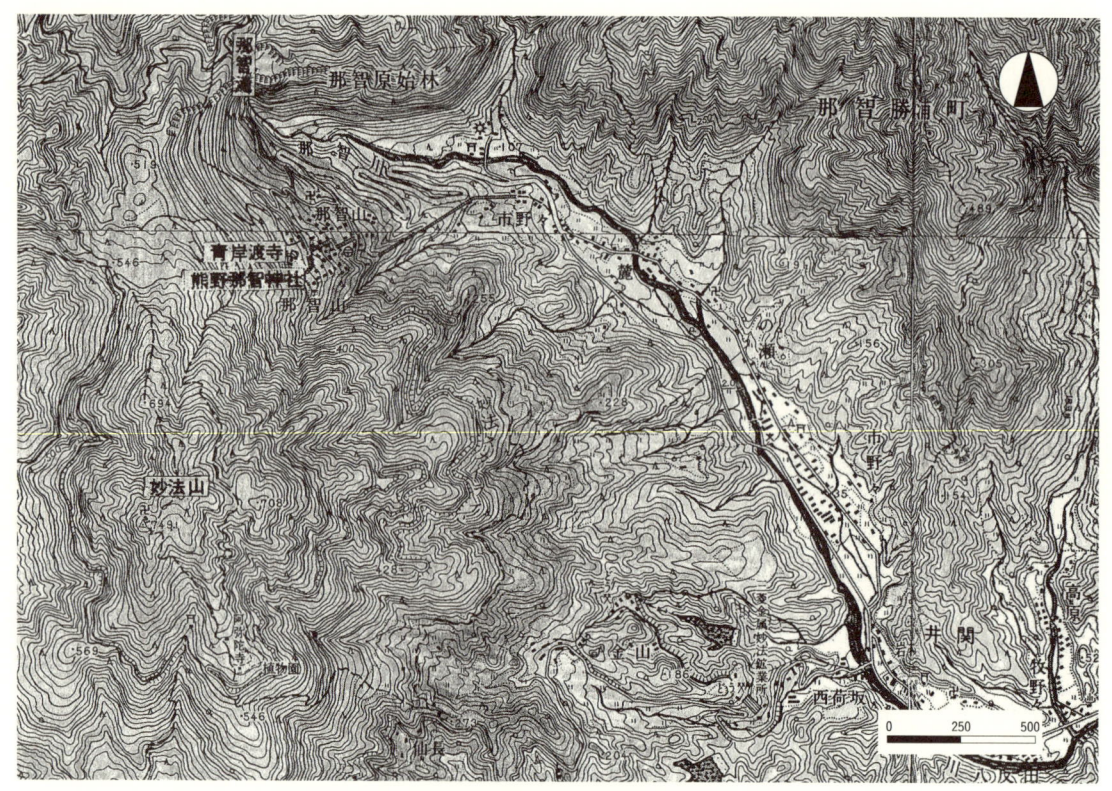

図7.3　樋口版「隠国型」那智

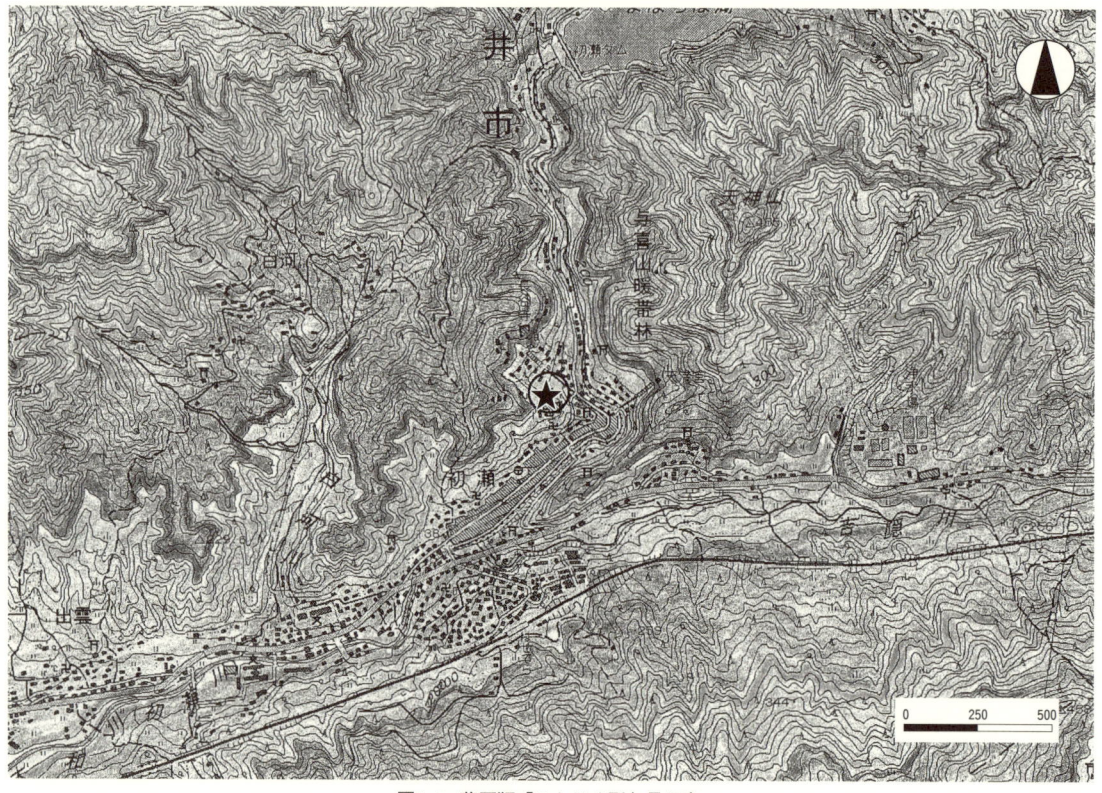

図7.4　藤原版「こもりく型」長谷寺

小高い丘が取り囲んでおり，南方は幅約2kmほどにひらけていて，都のあった平地，そして海がある．

一方，藤原が取り上げている石山寺の周囲の地形を見てみると，石山寺の背後（西側）に伽藍山（標高239m）という，周囲の平地との標高差約150mの突出した山があり，そこから両手で包み込むように寺の北側と南側が小高い丘になっていて幅150mほどのコの字型の地形を作り出している．また，開けている東側には，石山寺から約400mの所に北から南へ瀬田川という川が流れている．つまり，方位以外は「蔵風得水型」的な地形をしているといえる．

方位以外の地形構成は樋口，藤原ともに共通しているが，包み込む盆地幅が樋口版では約700m，藤原版では約150mと違いを見せる．この地形で，神社など地形の中で中心となるもの（焦点）が立地している場所は「麓」である．

7.3.2 樋口版「隠国型」と藤原版「こもりく型」

「隠国」という言葉は，樋口によれば「両側から山がせまっているこもった所」という意味である．樋口版では「隠国型」の事例として那智（谷の幅は，青岸渡寺の向い側の同じ高さのところまでと仮定すると直線距離で約300m）が挙げられている（図7.3）．周囲は妙法山（標高749m）など，標高500-800mの山々が連なっている．そしてその間をきざむように那智川が流れている．藤原版では「こもりく型」の事例として長谷寺周辺の地形（谷の幅は，長谷寺の向い側の同じ高さのところまでと仮定すると直線距離で約200m）が挙げられている（図7.4）．周囲には天神山（標高455m），初瀬山（標高548m）など400-500mの山が連なっている．そしてその山々の間を初瀬川が流れる．

樋口版では幅約300mで周囲の高さが500-800m，藤原版では幅が約200mで周囲の高さが400-500mであり，両者に大きな違いはない．

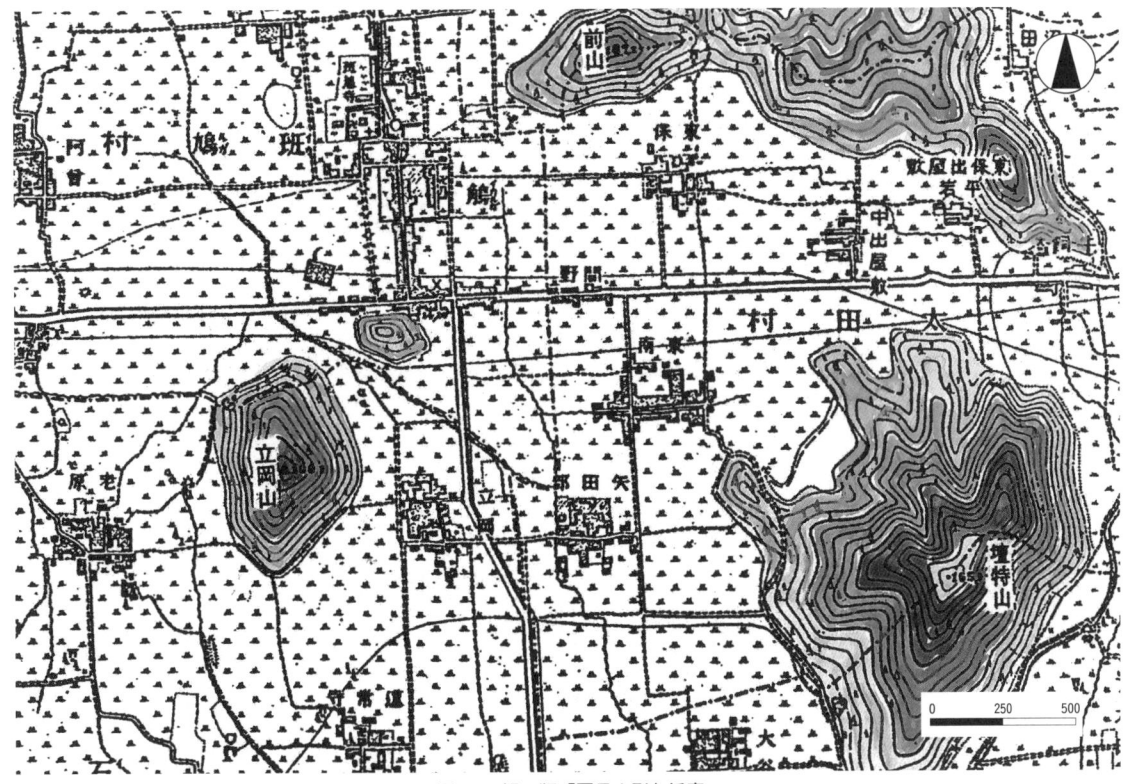

図7.5 樋口版「国見山型」播磨

樋口も藤原も著書の中で「隠国(こもりく)」の説明を泊瀬、つまり初瀬の地の説明から始めている。初瀬の語源は「地の果てる場所」という意味であり、奈良の長谷寺周辺が初瀬という地名で呼ばれる。

樋口版も藤原版も谷間の地形を例示している。それらの場所は川をさかのぼった奥処に位置している。

中心となるものが立地している場所は麓、あるいは山腹のあたりで、那智の青岸渡寺の場合は標高260 m、長谷寺の場合は標高160 mに立地している。

樋口版では「隠国型」地形を平野とつながっている場所としての隠国である、としている。隠国に対応する形での平野という存在について、藤原版では言及されていない。信仰的な意味合いでこもりくを、樋口は異界との結節点としたり、藤原は浄化空間というふうに述べている。先に言った隠国と対応する形での「平野」とは俗界、日常といった、異界と対応するものとして考えられているのである。

7.3.3 樋口版「国見山型」と藤原版「山頂尾根型」

樋口版の「国見山型」の事例としては播磨が挙げられており（図7.5）、藤原版の「山頂尾根型」の事例として観音正寺が挙げられている（図7.6）。

播磨の場合には立岡山（標高104 m）、檀特山（標高165 m）が、観音正寺の場合には観音寺山（標高約430 m）が、平地の中に独立峰として存在している。いずれも、中心となるもの（神社、視点場等）が立地している所はこれらの山の山頂や、山頂付近の山腹である。観音正寺は山頂から50 mほど下の標高370 mに立地している。

この両者の違いは地形の違いというよりは視対象の違い、そして山の上からの景色を見る者の身分や立場の違いということにある。

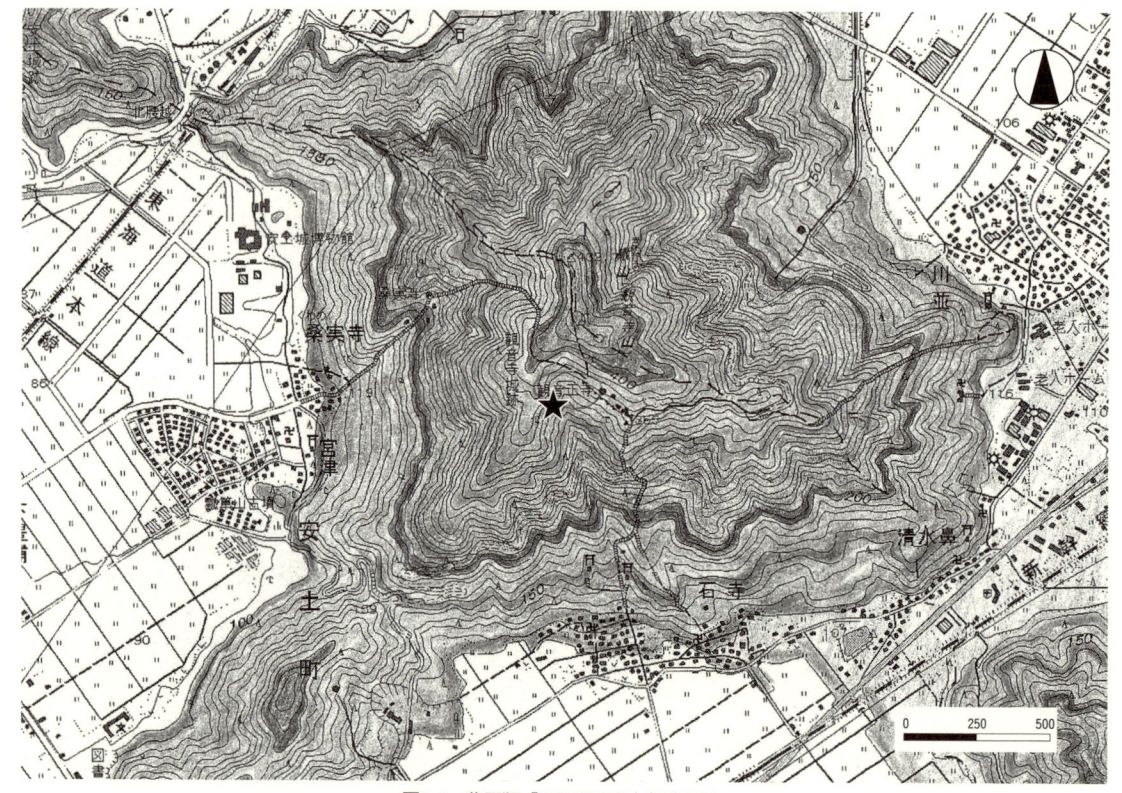

図7.6 藤原版「山頂尾根型」観音正寺

第 7 章 既往の地形類型との比較

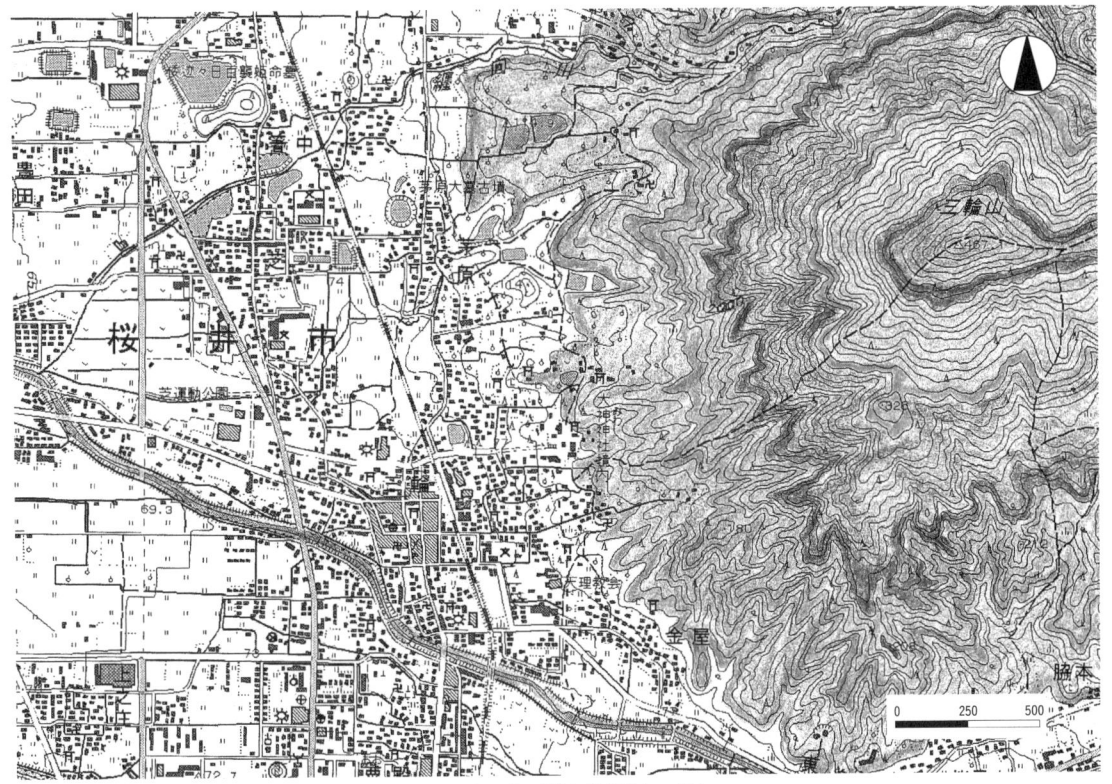

図7.7 樋口版「神奈備山型」三輪山

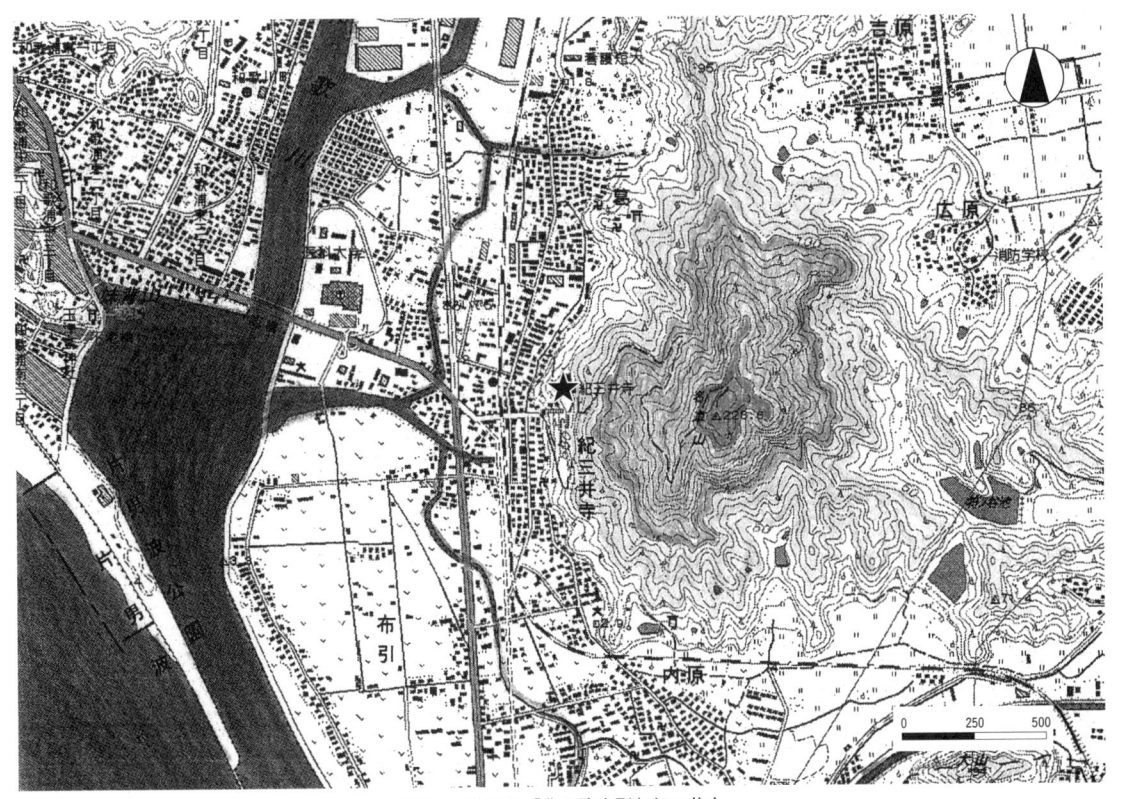

図7.8 藤原版「背山臨水型」紀三井寺

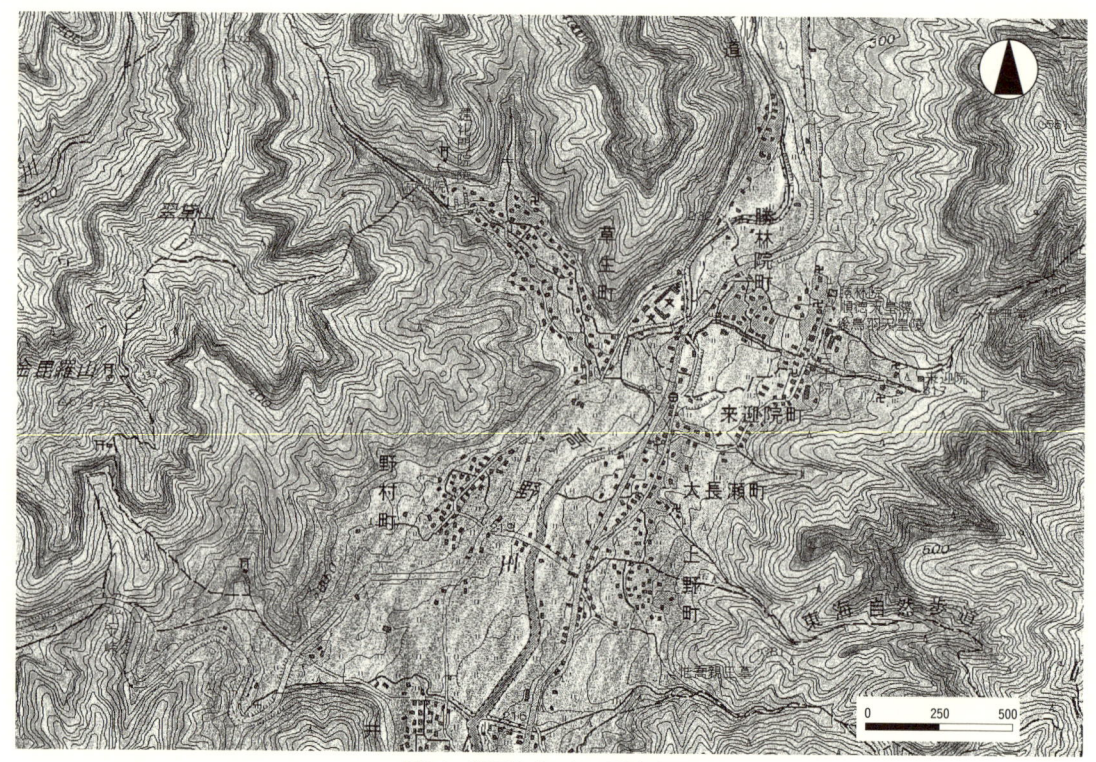

図7.9　藤原版「かくれ里型」大原

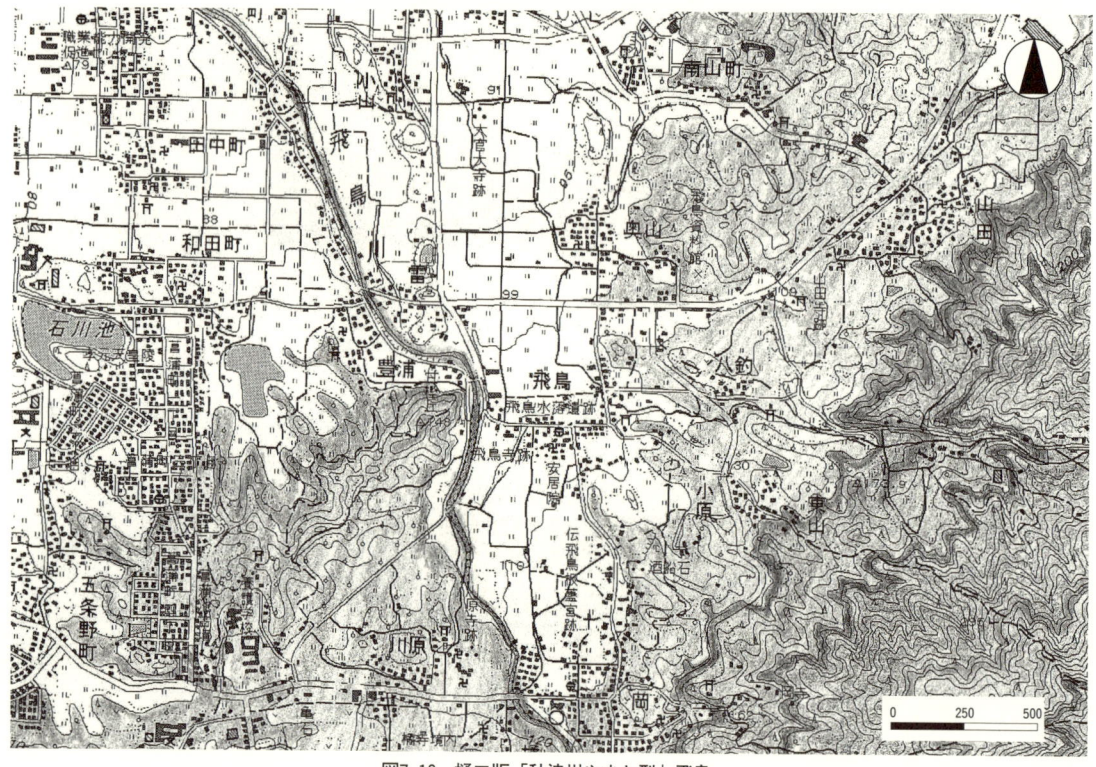

図7.10　樋口版「秋津州やまと型」飛鳥

視対象となるものは、「国見山型」の場合は、山が平地に突出していて、その山の上から平野、即ち国を眺められるようになっている。しかし、「山頂尾根型」の場合は周りが山々でも平野でもなんでもよい。

どちらの類型も見晴らしのよさは重要なポイントとなっている。「国見山型」は主に支配者が自身の領土を眺めるため、「山頂尾根型」は修行者の立場として、はるかに望む下界、即ち俗世から離れた者が自らを叱咤鼓舞するための地形である。

7.3.4　樋口版「神奈備山型」

この「神奈備山型」は、特徴的な山が平地に突出している地形であり、これは「国見山型」と同じであるが、神社が立地しているのは麓である。藤原版ではこのタイプは、類型化されていない。樋口版の事例としては、三輪山（標高 467 m）が挙げられている（図 7.7）。

「国見山型」と「神奈備山型」の違いは、前者が視点場を山頂としてまわりの平地を視対象としたのに対し、後者は視点場を山の麓とし、視対象を山としている、という点である。つまり、山自体が信仰の対象となっているのであり、「国見山型」との違いは地形の宗教的な意味づけと政治的な意味づけという点でも違うものである。

7.3.5　藤原版「背山臨水型」

藤原版の「背山臨水型」は、中心となるものの背後に山、前方に海、川、湖などの水がある地形である。中心となるものが立地している場所は麓である。事例としては紀三井寺が挙げられる（図 7.8）。樋口版では類型化されていない。

藤原の「背山臨水型」地形への意味づけによると、山を背にして前方を見晴らす地形で、都や里の営みも望見でき、古刹や名社が多かった、としている。藤原が事例で取り上げている紀三井寺は西国三十三観音札所の第二番札所である。また、「山」の存在を、人を背後から抱くような、癒しの地形、休息の地形という風に意味づけている。

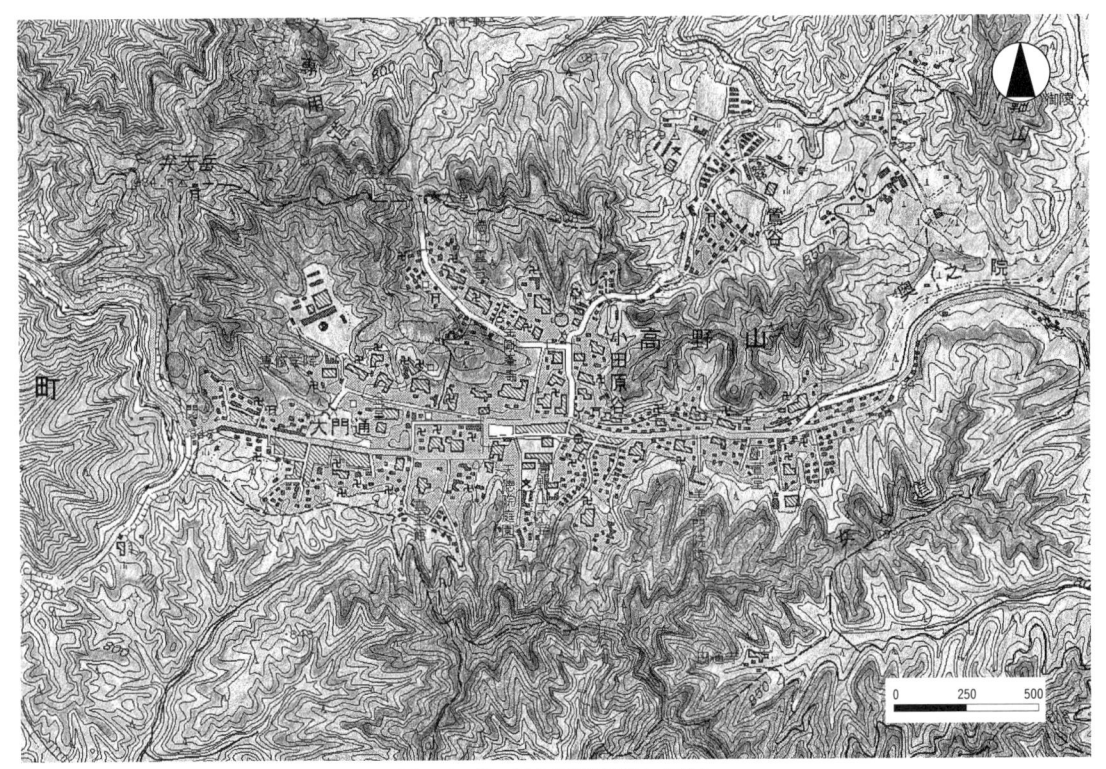

図7.11　樋口版「八葉蓮華型」高野山

紀三井寺は背後に名草山（標高228 m）を背負い，その麓（標高約50 m）に位置している．そこからは約1 kmの所に和歌川，そして海辺というように，水を臨むことができる．

7.3.6 樋口版「秋津州やまと型」「八葉蓮華型」と藤原版「かくれ里型」

いずれも盆地地形である．中心となるもの（寺社や都）が立地する場所は，「八葉蓮華型」「かくれ里型」が盆地の隅や平地であり，「秋津州やまと型」は盆地内の平地部分となっている．

樋口の「秋津州やまと型」は都が置かれるような盆地を指している．事例では飛鳥（盆地の東西の幅，勾配変換点間の直線距離最大約1 km）を取り上げている．周囲には標高100-200 mの丘や小山，標高300-500 mの山が連なっている．

「秋津州やまと型」の語源は神武天皇の神話で，神武が国を置く地を決めたときの，その場所の地形を表現した，平地の周囲を蜻蛉（あきつ）が連なって飛んでいるように青山が取り囲んでいる，という言葉からきている．

また，「八葉蓮華型」は「秋津州やまと型」に比べて標高が高いところに位置している．事例の高野山（盆地の南北の幅，勾配変換点間の直線距離最大約700 m）の場合，盆地の平地部分の標高は約800 m，周りを取り囲む山々の標高は900 m以上である．そして事例で高野山が取り上げられているように，宗教的意味合いを持っている．このことから，この場合の山の高さは藤原の「山頂尾根型」と同じく，修行者の俗世からの離脱を示しているといえる．

一方，藤原版の「かくれ里型」の事例は大原（図7.9），樋口版の「秋津州やまと型」は飛鳥（図7.10），「八葉蓮華型」は高野山である（図7.11）．

藤原の「かくれ里型」は人によってその盆地の意味を持たされる．事例に挙げられている京都の大原（盆地の東西の幅，勾配変換点間の直線距離最大約1.2 km）は京の都から少し離れた場所にあ

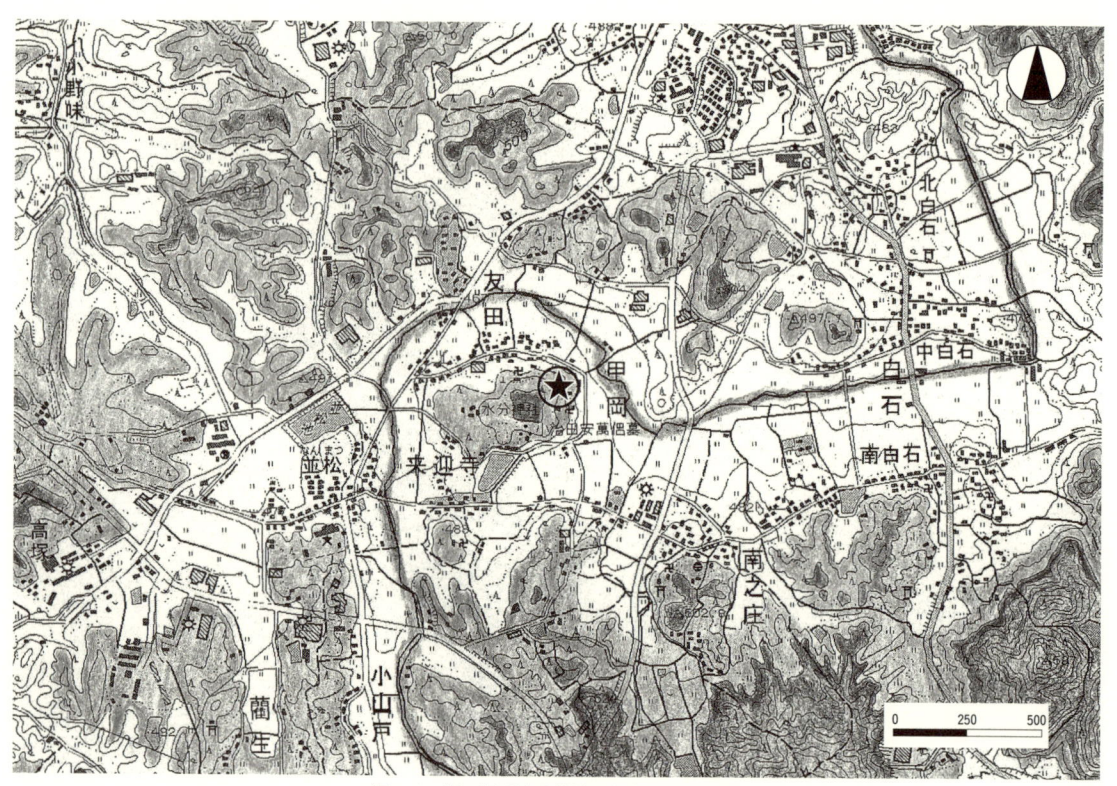

図7.12 樋口版「水分神社型」都祁水分神社

る．周囲には翠薫山（標高577 m），大尾山（標高681 m）など，500 m以上の山に囲まれ，平地部分との標高差は約300 mある．

都での日常に疲れたとき，人は「かくれ里」に来て，俗世のことを一時離れる．京の都はすぐそばにあるのだが，盆地を取り囲む山々によって俗世からの切り離しができ，しかも癒されてまた日常へ戻るときもすぐに戻ることができる，というように，都と距離の近いところの盆地を指しているようである．

藤原版「かくれ里型」では幅約1.2 km，両側の高さは約500 m，樋口版「秋津州やまと型」では幅約1 km，両側の高さ300-500 m，樋口版「八葉蓮華型」の幅は約700 m，両側の高さ800-900 mであり，「かくれ里型」と「秋津州やまと型」では差はなく，当然ながら「八葉蓮華型」との違いは見られる．

7.3.7 樋口版「水分神社型」

「水分神社」とは，山から流れ出てくる水の，田への最初の引き入れ口である水口，そして山から山麓への緩傾斜の地に移る勾配変換の地の山側の丘陵端に建てられる，つまり農耕の祭場であるとされる．

「水分神社型」の地形とは，中心となる神社は麓に立地しており，その前を川がめぐり，周囲を山が取り囲む地形である．このことから，盆地地形に近い型であるといえる．

この事例としては都祁水分神社が挙げられている（図7.12）．都祁水分神社の場合，図の中の暗くなっていない部分，平地部分の標高が約450-480 mで，やや暗くなっている部分との標高差はあまりない．全体的な標高は高いが，標高差から考えると都祁水分神社は丘陵端に立地している．藤原版に同様の類型はない．

7.3.8 藤原版「辻堂型」

都市部としての「平地」の中に寺社がある．平野部を対象とする地形類型はこれだけである．ただし，この場合あくまでも，「都市」の中にある，ということに力点がおかれている．藤原は，辻つまり街角には霊的なものが集まりやすいというような解説をしている．直接的に地図で示した事例は挙げられていない．

樋口版には平野のみの地形要素による類型はない．

7.4 地形の分類

7.4.1 5つの基本地形景観タイプ

(1) 山頂型…文字通り，山頂に神社がある．山頂から周囲を見る．周囲は山並みが続いていても，平野に面していても，盆地に面していても神社等，中心となるものが山頂にあれば山頂型とする．

(2) 山辺型…山の辺に神社等が立地している．盆地に面していても平野に面していても「山辺型」となるが，海に面している場合は後述する海辺型とする．背後の山に，樋口と藤原の類型に見られる「霊山」といった特別な要素は見出さない．

(3) 盆地型…盆地内に神社等が立地している．盆地を取り囲んでいる山の麓・中腹や山頂に神社等がある場合はこれに含めない．ここに含まれるか否かは，地図によって等高線を見，周囲を山に囲まれた盆地と確認し，現地で周囲の山々と神社等の地形的関係を再確認する．

(4) 平野型…平野に神社等が立地している．この場合，山の麓，緩傾斜地の隣の平野部でも平野型となるのだが，周囲が盆地の場合は前述した「盆地型」になる．また神社から海辺が見える場合は後述する「海辺型」に分類する．

(5) 海辺型…海辺に神社等が立地している．この場合，神社等が立地している場所が山頂でも麓でも平地であっても海が見える場合は全て海辺型に分類する．「海」という要素が「山頂」や「山辺」，「平野」といった地形要素よりも優先される．

7.4.2 人文的地形タイプを景観の観点から対応（樋口と藤原地形類型の再分類）

本章のはじめに挙げた6つの基本的な地形に樋口版と藤原版の地形景観分類を，焦点，寺社仏

閣，など中心となるものの立地場所からあてはめると，以下のような類似点と相違点が浮かび上がる．

① 山頂型地形…樋口版「国見山型」，藤原版「山頂尾根型」
② 山辺型地形…樋口版と藤原版の「蔵風得水型」，樋口版「水分神社型」「神奈備山型」，藤原版「背山臨水型」．また，「谷」を山麓の変形型地形と考えると，樋口版「隠国型」，藤原版「こもりく型」もここに含まれる．
③ 平野型地形…藤原版「辻堂型」
④ 海辺型地形…特になし
⑤ 岬型地形…特になし
⑥ 盆地型地形…樋口版「秋津州やまと型」「八葉蓮華型」，藤原版「かくれ里型」．また，「谷間」を，もの凄く狭い盆地と考えると，樋口版「隠国型」，藤原版「こもりく型」がここに含められるかもしれない．

これらのことを表にまとめたものが表7.3である．

このことから，樋口版，藤原版ともに海辺や岬といった海岸に関する地形類型が欠けていることが分かる．また，②の「山辺型地形」に含まれる類型が多いという特徴がある．ここに含まれる類型の中で「蔵風得水型」や「背山臨水型」，「こもりく型」，「隠国型」といったものは山を背後にして，山に抱きかかえられようとする，とい

うニュアンスがあり，背後の山よりも人のいる位置が重要であると考えられる．それと較べて樋口版「水分神社型」「神奈備山型」は，山そのものに重要な意味を与えていると思われる．

⑥の「盆地型地形」も含まれる類型が多い．樋口版「秋津州やまと型」「八葉蓮華型」，藤原版「かくれ里型」との違いは先に述べたもの以外に，「八葉蓮華型」の場合，周囲を取り囲む山々が明確な視対象としての意味を持ち，このことは「かくれ里型」「秋津州やまと型」にはない．後者の2つの類型では，周囲を取り囲む山々は，「蔵風得水型」に似た，抱かれる感じが強く，また，守ってくれるものとしての意味合いが強い．守られる，俗世から隔絶する，といった意味を持つ類型は「盆地型地形」に多く，樋口版「隠国型」，藤原版「こもりく型」もそうである．

また，「隠国型」と，「こもりく型」のはっきりした分類が，この6つの区分けでできていないことについて述べると，「隠国型」，「こもりく型」が山と麓と川という，地形要素が複合的に重なってつくられている場所だからである．そして，精神的な意味においても，「盆地型地形」に共通する，囲まれ，守られている感じをもたらし，「山辺型地形」に共通する山の麓に抱かれている感じをもたらす，というように2つの類型の要素を持っている，と考えるからである．

ここで7番目の「谷型地形」を作らないのは，「谷」という場所が，「山頂」「山辺」「平野」「盆地」「海辺」「岬」といった地形のようなシンプルさ，わかりやすさの観点から，ステージが違うと感じるからである．「谷」はこの6つの地形類型を細分化したときにひとつの地形類型として表せるだろう．しかしここでは細分化する前のわかりやすさ，簡便さ，そして地形の基本となるものからの分類を心がけたいと考える．

7.5 福岡での実例の当てはめ

名所空間の分析では，山頂，山辺，盆地，平

表7.3 地形類型に対応

山頂型 (事例の山の標高)	山辺型 (事例の神社等の標高)	盆地型 (事例の盆地の幅/標高)	平野型	海辺型
国見山型(樋) 165m 山頂尾根型(藤) 約430m	蔵風得水型(樋) 約20m 水分神社型(樋) 約480m 神奈備山型(樋) 約70m 隠国型(樋) 標高約260m,幅約400m 蔵風得水型(藤) 約100m こもりく型(藤) 標高約160m,幅約200m	秋津州やまと型(樋) 約1,000m/約90〜110m 八葉蓮華型(樋) 約700m/約800m かくれ里型(藤) 約1,200m/約200〜230m	辻堂型(藤)	なし

表7.4 名所図会の類型を5つの地形類型に対応

山頂型	山頂立地型（6）			6
山辺型	山辺立地型（20）			20
盆地型	盆地内平地立地型（18）	盆地内小山立地型（8）		26
平野型	平野立地型（20）			20
海辺型	海辺山麓立地型（21）	海辺立地型（28）	岬立地型（13）	62

野，海辺，岬といった大きなくくりがあり，また，盆地や海辺ではさらに細かい区分けがなされた．また海辺と岬の地形も区別された．本章では，「山頂立地型」を山頂型に，「山辺立地型」を山辺型に，「盆地内平地立地型」「盆地内小山立地型」を盆地型に，「平野立地型」を平野型に，「海辺山麓立地型」「海辺立地型」「岬立地型」を海辺型に再分類する．

この再分類では，名所からの調査では，「海辺立地型」や「海辺山麓立地型」と区別されていた「岬立地型」を海辺型に分類した．しかし岬という地形は，地図上で見る限り，最も分かりやすく確認しやすい特徴をもつ地形である．しかしここでは，「隠国型」や「こもりく型」のための谷型を設けなかった理由と同様に，岬型という分類をもうけなかった．

ここで，名所の分析で取り上げた福岡県の神社を再分類した後に，それぞれの類型を取り上げる．

7.5.1 山頂型：大根地神社（嘉穂郡筑穂町内野），国玉神社（豊前市求菩提）

大根地神社は標高約640 mの山頂付近，国玉神社は標高約780 mのほぼ山頂に立地している．大根地神社からの景観について，「図会」では山の山頂からの眺めの素晴らしさについて記述されている．どちらの場合も周囲に平野はなく，先の樋口と藤原の地形類型で近いと思われるものは，樋口版「国見山型」というよりは藤原版「山頂尾根型」であるといえる．

7.5.2 山辺型：飯盛神社（福岡市西区飯盛）

飯盛神社は標高400 m近い山の麓に，香椎宮，宮地嶽神社は200 m弱ほどの，山というよりは小高い丘の麓に立地しており，いずれも，山辺立地型といえるが，しかしながら宮地嶽神社は海が前方にあり，神社そのものが海辺を向いていることから海辺山麓立地であり，藤原版「背山臨水型」に近い．

また，飯盛神社の場合，背後にある山が平野の中で標高400 m近くの突出している飯盛山で，典型的な山辺立地型であり，樋口版「神奈備山型」にも近いといえる．

7.5.3 平野型：日吉神社（久留米市）

平野に立地している．明治37年の地図によると久留米駅のすぐ前，市街地にある．近くには川が流れているが他に地形的な特徴はない．久留米の町が形成されるとともに，神社が作られたのならば，この日吉神社は藤原版「辻堂型」のような，都市の中に作られ，都市に関連した神社であるといえる．

7.5.4 海辺立地型：箱崎宮（福岡市東区箱崎），綿積神社（糸島郡志摩町久家）

いずれも海辺のすぐそばに立地している．箱崎宮の場合は，周囲は平野である．参道の先，社殿から数百メートルのところで，海辺に出る．現在の状況では社殿から海を眺望しがたい．綿積神社の場合は，社殿の裏側に小山を控えている．岬の突端に位置し，海抜はほぼ0 mに近い．綿積神社が面している湾を一望できる．いずれも海という大きな景観対象をもつことが特徴である．

7.5.5 盆地型：鏡山神社（田川郡香春町岩原），生立八幡神社（京都郡犀川町）

盆地型には，樋口と藤原の地形類型で言えば，樋口版「秋津州やまと型」「八葉蓮華型」や藤原版「かくれ里型」が含まれる．例として取り上げる鏡山神社，生立八幡神社は，盆地内に立地して近くを川が流れている．2つの神社の違いは，鏡山神社は，盆地のほぼ真ん中に盛り上がっている，木に囲まれた小山の上に立地しており，生立八幡神社は，平地に立地して，周囲との標高差がない，ということである．

7.5.6 まとめ

以上のように樋口，藤原，そして本書のもとになった名所からの分析による地形類型をひとつに

| 地形分類 | 樋口・藤原版地形分類 |

☆ 神社・寺（視点場）
● 信仰の対象など特別の意味をもつ（視対象）

山頂型
地形主要素：山頂
その他の要素：特になし

山辺型
地形主要素：山

蔵風得水型　　神奈備山型　　隠国型・こもりく型
背山臨水型　　水分神社型
その他の要素：盆地　川

盆地型
地形主要素：盆地

かくれ里型
秋津洲やまと型
八葉蓮華型
その他の要素：川

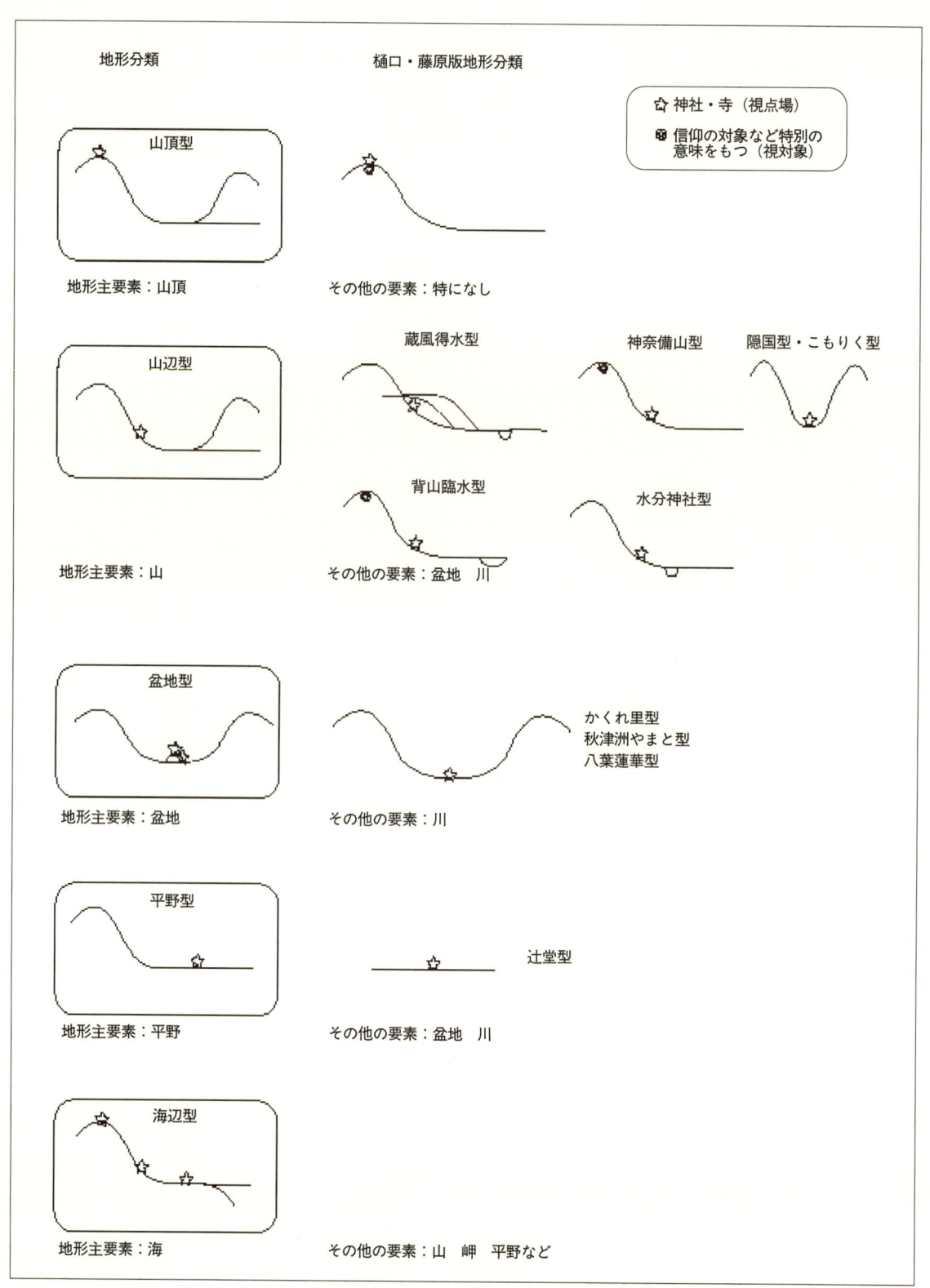

平野型
地形主要素：平野

辻堂型
その他の要素：盆地　川

海辺型
地形主要素：海
その他の要素：山　岬　平野など

図7.13　地形分類のモデル

統合した．樋口，藤原の分類では，その土地の歴史，意味，精神的影響，宗教とのかかわりなどを主眼において分類されたといえる．それとは対照的に，名所の分析はフィジカルデータ（距離，標高，周囲の山，河川数といった数値等）を重点的に，それに加えて神社の縁起文を検証して分析していると言える．その点で，この補論では，その地形の形そのもの，周囲にある地形要素に特化して再分類，統合を行い，樋口，藤原両氏の類型に対して，こちらのほうに近づいたという形になる．この再分類の統合を地形の断面図によって説明すると，わかりやすいだろう．図7.13参照のこと．

　このさまざまな地形の統合，再分類から，「山頂」「平野」は単純な意味・精神的影響をもつ地形なのではないか，と考えられる．「山頂」には山から見下ろすか，山を見上げるか，という山頂を中心とした2つのはっきりした見方があり，逆に「平野」には焦点がなくとりとめがないのだが，平野の上に建つ人工物や河川沼などの自然物総てが視線の対象になりうる，という意味ではっきりとした見方ができる．それに対して，麓（山辺）・盆地といった地形は，地形としてはひとつの型ではあるが，それぞれの立地状況や地形を形作る要素の構成によって，さまざまな意味・歴史・精神的影響を持ちうる複雑な地形と言える．これらの地形は，山林の多い日本国土に多数分布している．それぞれの地域で，歴史性や立地によって「蔵風得水」や「こもりく」等の類型を発達させながら，日本の景観は成り立ってきたのではないか．樋口や藤原による地形の読み取りには，日本人の心象風景，原風景を掘り起こすというニュアンスが含まれている．そして両者が作った類型の種類も山辺や盆地といった場所に対して数多くある．山辺や盆地は，日本人の住む場所として長い歴史をもち，その長い歴史の中で，さまざまな意味が見出されてきたのだろう．

　一方，名所からの分析でも山辺，盆地といった場所に多くの名所が作られてきたことを明らかにしているが，それらよりもさらに多く海辺に名所が作られている．

7.6　盆地，谷，平地と山の辺の景観

　樋口氏は『景観の構造』（1975年刊）の後，『日本の景観』（1981年刊）を著している．この中で，『景観の構造』で類型化した7つの景観地形タイプの上に「盆地の景観」，「谷の景観」，「山の辺の景観」，「平地の景観」という4つの大分類を作り，景観からの，日本人の居住空間の地形を考察している．

　『日本の景観』では，たとえば国見山型「景観」についての考察が，「そこに登って周りの平地を見下ろす」だけでなく，そのようなことができる国見山のような，「気軽に登れる山が身近にある風景」というように，国見山も風景の中の視対象となることが書かれ，『景観の構造』よりもさらに日本人の風景観を精神史的に考察している．

　4つの大分類は7つの地形景観類型を，「盆地の景観」には「秋津州やまと」「八葉蓮華」，「谷の景観」には「水分神社」「隠国」，「山の辺の景観」には「蔵風得水」「神奈備山」「国見山」と分類している．このような大分類を行ったことについて樋口は，景観と地形の関係を表した分類について，各々がどのような景観を持った居住空間であるのか，鮮明なイメージで思い浮かべられる，景観的なまとまりに着目した分類をつくろうと考えた，というふうに述べている．確かに，「秋津州」や「八葉蓮華」，「隠国」「神奈備山」といった言葉には雅趣を感じさせるものがあるが，現代ではあまり縁のない言葉でもある．これらの言葉の前に，「盆地」「谷」「平地」「山の辺」というわかりやすい分類を持ってくることで，それらの分類が生きた表現としてイメージできると思われる．

　また，『景観の構造』では言及されていなかった「平地の景観」についても述べられている．それによると，盆地や平野の端っこの山の辺部分から離れた平地の部分は河川の下流域にあたり，川

の氾濫がおこったり，低湿地帯となっていたりして日本人がこの地に住むようになるのは「秋津州やまと型」などの土地に住むよりもずっと後の，戦国時代・近世以降のことだったようである．そしてその地に現れた景観は，人の手によるもの—天守閣を「国見山型」や「神奈備山型」の，屋敷林や鎮守の森や街道並木を「山の辺の景観」の，それぞれ「代償景観」であったとしている．

参考文献

1) 樋口忠彦：景観の構造，技報堂，1975
2) 藤原成一：癒しの地形学，法蔵館，1999
3) 樋口忠彦：日本の景観，春秋社，1981

あとがき

　本書は，私の九州大学退職を機に企画されたものである．大幅に遅れたが，退職記念事業にご賛同いただいた方々にお贈りするものである．心から感謝申し上げるとともに，遅れたことに申し訳なく心から謝り申し上げる次第である．
　実はこの著作の基本的な内容や作業は，平成11～13年度科学研究費（基盤研究（B）(2)）整理番号11450225「3次元CGを用いた地方の名所図録図会に描かれた名所の景観構造分析」による研究成果の一部であり，新しい企画としてまとめたものではなく，申し訳ない気がしている．科研の報告書であるので，発行部数も少なく，九大図書館のみに寄贈しているだけで皆様方にはなかなか目には届かないところで報告しているので，思い切って著作として公表して，ご批判を受けたいと考えた次第である．
　本書は，名所のマクロ的景観構造を，地形や眺望の観点から明らかにしようと試みている．明治期に庶民向けのガイドブックとして発刊された名所図録図会を見ると，神社が名所として数多く挙げられている．
　河川と共にある神社や山頂にある神社など，あるいは海辺の神社やその荘厳な境内や社殿，そして，鎮守の森，その周辺を含めた区域が，名所として描かれている．古来，神社を中心とした鎮守の森は，広く景観の素材としても活用されてきた．これらを考慮すると，名所図会に描かれた地方の神社は，現代的な景観資源として再評価することも可能である．本書は，明治期の名所図録図会に描かれた神社が名所とされたその背景を少しでも明らかにしたいと考え取り組んだものである．また，名所神社を導きの糸として，地形を解読する方法を提示するという試みも隠された狙いであった．

　本書は，退職を迎えるにあたっておおづかみのところを公表し，皆様からの批判を仰ぎながらその後少しずつ補強していきたいと考えている．果たしてそれを実現できるのかという確信もないままに，出版にこぎつけたことをお許し願いたい．「地形」の特徴が名所の理由の1つになりうるということを，少しでも明らかにできればと思った．
　なお，科研の研究課題に関連して次の卒業論文，修士論文が提出され，本書で多いに参照している．九州大学の平成7年度卒業論文「名所図会を用いた福岡県の景観資源の探索」（中原和浩，柳瀬佳代），平成10年度卒業論文「名所図会に描かれ

た景観特性に関する研究」（檜山智子），平成 11 年度修士論文「名所図録図会に描かれた神社空間の現況とその特徴」（布田貴士），平成 12 年度修士論文「名所図会に描かれた神社の立地と空間構造に関する研究」（日出剛）の各論文である．

　さらに，九州産業大学の平成 11 年度卒業論文「神社空間の環境資源としての活用可能性に関する研究」（北川斗志郎・中園慎介・橋爪崇），平成 12 年度卒業論文「名所神社の社格と眺望に関する基礎的研究」（田村浩）の各論文である．

　名所研究のスタート時点で地道に基礎資料を収集してくれた中原，柳瀬両氏の貢献はきわめて大きい．その後の名所研究を継続させ，成果をもたらしているとすれば，両氏の資料収集によるものであり，特記して謝意を表するものである．また本書に直接的に使用している主たるものは，布田，日出両氏の修士論文である．

　多忙にまぎれて手が回らない中で私の研究室の最後の修士課程の森慎太郎君と河村雄太君は図表の清書，ページメーカーへの割付などの編集，それに第 7 章の執筆に力を尽くしてくれた．両人がいなければこの書は完成しなかった．

　県下の神社についての現地調査に関しては，それぞれの神社の神職のかたがたに詳しくお教えをいただいたし，九州産業大学景観研究センターの中村直史氏や久留米市役所の秦雄司氏には，神社の調査にご協力いただいた．その他特記しないが，多くの方々に調査から執筆を終わるまでに数限りなくお世話になった．

　以上，本当に心から感謝申し上げる．

萩島　哲
2005 年 8 月 16 日

著者紹介

萩島 哲（はぎしま さとし）

1942 福岡県生まれ
九州大学大学院工学研究科建築学専攻博士課程単位取得退学／現九州大学名誉教授／工学博士
日本建築学会霞が関ビル記念賞／日本建築学会学会賞
専門分野：都市計画，都市設計，景観デザイン
著書：風景画と都市景観―水，緑，道，まちなみ―，理工図書／都市風景画を読む―19世紀ヨーロッパ印象派の都市景観―，九州大学出版会／広重の浮世絵風景画と景観デザイン―東海道五十三次と木曾街道六十九次の景観―，九州大学出版会，共著／他

日髙圭一郎（ひたか けいいちろう）

1966 大分県生まれ
九州大学大学院工学研究科建築学専攻博士後期課程修了／九州産業大学講師／現同助教授／博士（工学）
専門分野：都市計画

有馬 隆文（ありま たかふみ）

1965 長崎県生まれ
大分大学大学院工学研究科建設工学専攻修士課程修了／現九州大学助教授／博士（工学）
専門分野：都市計画，環境メディア

鵤 心治（いかるが しんじ）

1964 福岡県生まれ
九州大学大学院工学研究科建築学専攻修士課程修了／現山口大学助教授／博士（工学）
専門分野：景観デザイン，感性デザイン

名所空間の発見
――地方の名所図録図会を読む――

2005年10月25日 初版発行

編著者　萩　島　　　哲
発行者　谷　　隆　一　郎
発行所　（財）九州大学出版会
〒812-0053 福岡市東区箱崎 7-1-146
九州大学構内
電話 092-641-0515（直通）
振替 01710-6-3677

印刷／九州電算㈱・大同印刷㈱　製本／篠原製本㈱

© 2005 Printed in Japan　　ISBN 4-87378-881-1

都市風景画を読む
――19世紀ヨーロッパ印象派の都市景観――

萩島　哲　　　　　　　　　B5判 186頁 4,500円

印象派が描いた都市風景画の視点場を現地調査によって発見し，実景と絵画を見比べて実景の構図の素晴らしさを確認すると同時に，そこに一定の法則が存在していることを示唆する。視点場探索で得られた成果が，絵画，実景の写真，視点場の位置を示す地図を用いて分かりやすく示されている。

広重の浮世絵風景画と景観デザイン
――東海道五十三次と木曾街道六十九次の景観――

萩島　哲・坂井　猛・鵤　心治　　B5判 118頁 2,300円

景観の基本的構成要素を，水，緑，道，まちなみの4つとし，この基本的構成要素にしたがって広重の浮世絵風景画を調べ上げるとともに，広重が描いた絵画と実際の景観との関連を論じ，広重のデザイン手法について述べる。

21世紀の思索
地域の文化財
いかにして地方都市を築くか
シンポジウム実行委員会 編　　　四六判 174頁 1,500円

美しい街並造りを考えるに際し，古いものと新しいものの共存，環境と調和した新しい要素を取り入れた建築のあり方など，その指標を検討する。

モザイクのきらめき――古都ラヴェンナ物語――

光吉健次　　　　　　　　　四六判 192頁 1,900円

イタリアの古都ラヴェンナの教会堂に現存するモザイク・ガラスの特徴，その成立過程を，ローマ帝国のマクロ的，ミクロ的史実によりながらリアルに推定する。ラヴェンナのモザイク・ガラスの秘密を平易に解説した，特筆に値する読み物。

明日の建築と都市

光吉健次　　　　　　　　　A5判 386頁 3,800円

一方で建築設計に携わり，他方で都市に参加してきた著者の30年余にわたる作品・論文の集成。〈できるだけ現実の中にテーマを見いだし，目的にアプローチする〉という基本的姿勢が明快な語り口で展開され，明日の建築・都市の方向を明らかにしている。

八幡宮の建築

土田充義　　　　　　　　　B5判 344頁 10,000円

九州は信仰の発祥地に恵まれ，それぞれの本殿は独自の形態を有している。本書は，現存する八幡造本殿の文献調査と実測調査によって，八幡宮建築の祖形とその変遷過程を解明する。

（表示価格は本体価格）　　　　　　　　　　　九州大学出版会刊